W0040129

Ethisches Marketing

Nachhaltige Strategien
für Klein- und Mikrounternehmen

Ein Stärken-Arbeitsbuch
von Susanne Rupprecht und Georg Parlow

EX LIBRIS
Margot Handler

Copyright Festland Verlag Ingrid Peternell-Eder, Wien 2008
2. Auflage 2008

Alle Rechte vorbehalten. Jede Vervielfältigung, insbesondere die des Drucks, des Vortrags, der Übertragung durch Rundfunk und Fernsehen, der Veröffentlichung im Internet, der Übersetzung, der Reproduktion oder Nutzung in irgendeiner Forum auf mechanische, elektronische oder andere Weise, sei sie bekannt oder erst in der Zukunft erfunden, inklusive Fotokopie oder Speicherung in irgendeiner Form, auch in Teilen, bedarf der vorherigen schriftlichen Genehmigung durch den Verlag. Genehmigung zur auszugsweisen Verwendung in Kleinauflagen als Lehrmaterial werden üblicherweise kostenlos gewährt, müssen jedoch auch vorab schriftlich mit Angaben über die Art der Lehrveranstaltung und die Auflagenhöhe eingeholt werden.

Umschlaggestaltung: Karl Schneider, Fischamend
Satz von Ulrich Bogun, Berlin, www.satzservice.de
Gedruckt und gebunden in Ungarn von Interpress, Budapest.

ISBN: 978-3-9501765-3-7

Wichtiger Hinweis
Die in diesem Buch vorgestellten Informationen sind sorgfältig recherchiert und wurden nach bestem Wissen und Gewissen weitergegeben. Dennoch übernehmen Autoren und Verlag keinerlei Haftung für Schäden irgendeiner Art, die direkt oder indirekt aus der Anwendung oder Verwertung der Angaben in diesem Buch entstehen. Insbesondere kann das Lesen dieses Buches weder Arztbesuch noch Psychotherapeuten ersetzen.

Inhaltsverzeichnis

Vorwort
der Herausgeberin

Als der FESTLAND-Verlag im Jahr 2003 begann, mit dem Thema Hochsensibilität in die Öffentlichkeit zu gehen, wurde rasch offenkundig, dass damit ein Tabu angesprochen wurde.

Denn Hochsensibilität war bei vielen Gesprächspartnern mit Assoziationen und Vorurteilen behaftet, die einer gezielten Prüfung nicht standhielten. Schon nach wenigen Minuten des bewussten Nachdenkens in Kombination mit der Präsentation von Fakten ist dies für jeden interessierten Menschen leicht zu erkennen.[1] Das Einzige, was dafür notwendig ist, ist die Bereitschaft, nur wenige Minuten lang die Gefühle der Irritation, die dieses Tabu, wie jedes andere auch, hervorruft, auszuhalten und sich dem Thema zuzuwenden.

Tabus beschränken unsere Freiheit. Für hochsensible Personen (HSP)[2] bedeutet dies oft, dass sie viele wertvolle Aspekte an sich nicht konsequent entwickeln und anderen nicht zeigen, wie sie wirklich sind.

Wie wir rasch merkten, führt dies vor allem im beruflichen Umfeld zu gravierenden Einschränkungen. In persönlichen und intimen Beziehungen ist hoffentlich genügend Zeit und Interesse da, um sich auszutauschen, zu zeigen, zu erklären und Verständnis und Wertschätzung zu geben und zu empfangen. Die eher oberflächlichen und zweckorientierten beruflichen Kontakte bieten für HSP zahllose Gelegenheiten für Missverständnisse und Konflikte: Unterschiedliche Wertehierarchien, verschiedene Stresstoleranz, größeres

---

1 Vgl. Parlow, Georg: »Zart besaitet – Selbstverständnis, Selbstachtung und Selbsthilfe für hochsensible Menschen« Festland Verlag Wien, 2003

2 »Highly Sensitive Person«: Dieser Begriff wurde von der Psychologin Elaine Aron geprägt, siehe Literatur

Harmoniebedürfnis, Wahrheitssuche – um nur einige Stichworte zu nennen.[3] Diese spezifischen Konflikte werden bis dato nicht thematisiert, sondern verschleiert: HSP in der Wirtschaft bemühen sich, so zu tun, als wären sie keine HSP.

Tatsächlich haben sich bereits viele Hochsensible – nach mehr oder weniger frustrierenden Erfahrungen als Arbeitnehmer – selbstständig gemacht. Oft deswegen, weil sie mit den Strukturen der Arbeitswelt unzufrieden waren, weil sie sich nicht anpassen wollten oder konnten, oder weil die Zielsetzungen der Firma nicht mit ihren Werten vereinbar waren.

Selbstständige können viele Rahmenbedingungen selbst kontrollieren und eigene kreative Wege gehen. Selbstständig tätig zu sein, kann eine der erfüllendsten und lohnendsten Erfahrungen unseres Lebens sein. Wir können unsere Talente entfalten, unseren eigenen Idealen folgen, in unserem eigenen Rhythmus und zu unseren eigenen Bedingungen arbeiten. Wir können die Projekte vorantreiben, an denen uns wirklich etwas liegt, auf unsere eigene Weise.

Aber auch als Selbstständige merken wir, dass wir durch weitere Tabus und Missverständnisse behindert werden oder uns selbst behindern. Unternehmertum ist mit zahlreichen Vorurteilen behaftet, welche so manche Menschen, und besonders HSP, vor einer Firmengründung zurück schrecken lassen oder diese erschweren können.

Denn als »Unternehmer« werden eine Menge Personen bezeichnet, die kaum etwas gemeinsam haben: Manager von Aktiengesellschaften, Konzernbosse und Inhaber von Firmen mit vielen tausend Mitarbeitern ebenso wie Einzelunternehmer oder kleine Selbstständige. Eigentlich liegt es auf der Hand, dass die Unterschiede wesentlich größer sind als ihre Gemeinsamkeiten! Sozialrechtlich, begrifflich und in den Vorurteilen bzw. Erwartungen werden sie jedoch in vielerlei Hinsicht gleichgestellt.

In Österreich formiert sich zur Zeit eine eigene Initiative für Mikrounternehmer. Christine Bauer-Jelinek, Wirtschaftscoach und

---

3   Ausführlich dazu in Skarics, Dr. Marianne: »Sensibel kompetent – Zart besaitet und erfolgreich im Beruf« Festland Verlag Wien, 2006

Psychotherapeutin in Wien, die sich als Expertin für Machtmechanismen sowie für gesellschaftliche Trends etablieren konnte, hat gemeinsam mit dem Sozialforscher DI Ernst Gehmacher die Plattform »MIK – Initiative für Mikro-UnternehmerInnen« gegründet. Mehr über Ziele und Hintergründe finden Sie auf der Internetseite www. mikrobetriebe.at.

Entgegen der landläufigen Meinung sind Unternehmer nicht prinzipiell reich und nicht nur an ihrem Profit interessiert.[4] Man muss kein »Kapitalist« sein, um Unternehmer zu sein. Das Durchschnittseinkommen der selbstständig Tätigen liegt in Österreich sogar unter jenem von Angestellten.[5] Viele Unternehmer agieren ohne jedes soziale Netz, ohne Anspruch auf Abfertigung, Krankengeld oder Pflegeurlaub. Und sie hatten bis jetzt keine eigene Interessensvertretung, denn die Unternehmervertretungen vertreten die Interessen der Großunternehmer.

Deshalb brauchen Klein- und Mikrounternehmer besondere Kreativität, ein hohes Maß an Eigenmotivation und ein feines Gespür für die Anliegen ihrer Kunden. Da sie weder »Kapitalisten« noch »Arbeitnehmer« sind, folgt, dass sie weder die Netzwerke der Reichen und Mächtigen, noch das soziale Netz der Arbeitnehmer zu ihrer Absicherung haben. Letzteres hat historische Gründe: Arbeitnehmerrechte und soziale Absicherung, gegen den Willen der Arbeitgeber erkämpft, sollen letzteren nicht zugute kommen. Deshalb büßt heute der Betreiber eines Dönerstands oder die selbstständige Fußpflegerin für die Sünden frühkapitalistischer Fabrikanten. Das Schlagwort von der Entsolidarisierung der Gesellschaft passt hier nicht, denn eine Solidarisierung mit Mikrounternehmern hat nie stattgefunden.

Kleinunternehmer sind einem heftigen Gewinndruck ausgesetzt: kein Gewinn – kein Einkommen! Deshalb scheint es aus der Perspektive vieler Unternehmer – und vor allem ihrer Ratgeber – logisch, wenn Kosten minimiert werden, auch zu Lasten der Produktqua-

---

4   Siehe dazu: Christine Bauer-Jelinek: Grundeinkommen: Unternehmer/-innen als Bündnispartner in Grundeinkommen: In Freiheit tätig sein. Avinus Verlag, Berlin 2006

5   lt. Statistik Austria 2004

lität, der Mitarbeiter, der Lieferanten oder der Umwelt. Hätten jedoch auch Klein- und Mikrounternehmer eine soziale Absicherung, z. B. durch ein bedingungsloses Grundeinkommen[6] oder eine soziale Mindestsicherung, und somit weniger Gewinndruck, so könnten sie auf die Bedürfnisse sowohl ihres Gewissens als auch ihrer Kunden noch besser eingehen.

Gerade als Einzelunternehmer können wir in hohem Maße im Einklang mit unseren Werten agieren, und unsere Sensibilität kann nicht nur eine Bereicherung, sondern eine wesentliche Quelle unseres unternehmerischen Wirkens sein.

Dr. Susanne Rupprecht und Georg Parlow wenden sich mit diesem Buch speziell an Klein- und Einzelunternehmer, die ethisch wirtschaften wollen.

SUSANNE RUPPRECHT bietet mit diesem Buch Klein- und Mikrounternehmern zahlreiche bewährte Werkzeuge und eine Vielzahl an Anregungen zur ethischen Betriebsführung. Diese werden es Ihnen leicht machen, eine persönliche Marketingstrategie zu entwerfen, die sich in Übereinstimmung mit Ihren Werten und speziellen Stärken befindet.

GEORG PARLOW möchte Sie unterstützen, sich dabei nicht selbst im Weg zu stehen. Die von ihm vorgestellten Übungen und Gedanken helfen Ihnen dabei, hinderliche Gewohnheiten zu ändern, etwaige innere Widerstände und andere Schatten der Vergangenheit aufzulösen, zu heilen und zu überwinden.

Ich bin zuversichtlich, dass es uns gelungen ist, Sie mit der vorliegenden Sammlung von Informationen, Werkzeugen und Anregungen vielschichtig zu unterstützen und zu inspirieren. Die Umsetzung liegt bei Ihnen. Wir wünschen Ihnen alles Gute dabei.

Wien, im Februar 2008   Ingrid Peternell-Eder

---

6   Siehe http://de.wikipedia.org/wiki/Bedingungsloses_Grundeinkommen

P.S.: Auch wenn wir nicht unternehmerisch tätig sind, tragen wir ethische Verantwortung für die Wirtschaft: Sowohl als Konsumenten als auch bei unserer individuellen Geldanlage. Deshalb finden Sie im Anhang auch einige interessante Webadressen, die zu den Themen verantwortungsvoller Konsum sowie ethisch-ökologische Geldanlage wertvolle Informationen anbieten.

Anmerkung:
Aus Gründen der besseren Lesbarkeit und auch, weil wir das Binnen-I und andere gut gemeinte Unlesbarkeiten für die Sache des Feminismus für kontraproduktiv halten, haben wir die traditionelle »männliche« Schreibweise gewählt.[7]

---

7   Siehe Artikel im Internet auf http://www.bruehlmeier.info/sprachfeminismus. htm

TEIL 1 – EINFÜHRUNG

Einleitung

Dieses Buch richtet sich an Klein- und Mikrounternehmer, die ethisches Marketing betreiben wollen.

Wer beschlossen hat, auch beim Marketing konsequent ethisch vorzugehen, dem bietet dieses Buch einen Zugang dazu, sowie Tipps und Arbeitsblätter, die ihn bei der Realisierung unterstützen werden. Ethisches Marketing zu praktizieren bedeutet, Gutes zu tun und davon zu profitieren.

Setzen Sie auf persönliche Empfehlungen

Sieht man sich in seiner Lebensumgebung um und überlegt, welche wirklich empfehlenswerten, kleinen Unternehmen es gibt, denen man so sehr vertraut, dass man sie Freunden, Vorgesetzten oder dem Partner vorschlagen würde, wird man nur sehr wenige finden, ob diese nun Restaurants, Installateure, Gärtnereien oder Tierärzte sind. Dennoch gibt es unzählige Anzeigen für lokale Kleinbetriebe in den Lokalzeitungen oder im Radio, in Postwurfsendungen und anderswo, die einen täglich erreichen. Mit großer Wahrscheinlichkeit sind die Firmen, denen man vertraut, nicht unter diesen. Tatsächlich ist zu wetten, dass die meisten heftig beworbenen lokalen Unternehmen sich nicht unter jenen befinden, die man weiterempfohlen hat.

Wenn man auf mühevolle Art gelernt hat, dass viele Firmen, die ihre Tugenden laut her2austrompeten, kaum mittelmäßig sind, wie findet man aber dann Geschäfte oder Dienstleister, die Topqualität bieten, wenn man es braucht? Es ist beinahe sicher, ob man ein Dach für ein Haus benötigt, eine Buchhalterin für den Mikrobetrieb, eine

Nachhilfekraft für Mathematik für den Sohn oder ein Restaurant für ein Essen am Samstagabend, dass man nach einer Empfehlung fragen wird, und zwar jemanden, den man für unterrichtet und zuverlässig hält.

Wenn man einmal diese Wahrheit begriffen hat, dass nicht das zählt, was ein Unternehmen über sich selbst sagt, sondern viel mehr, was andere über es sagen, wird man schnell eine der Kernbotschaften dieses Buches verstehen und erfassen: Der beste Weg, im Geschäftsleben Erfolg zu haben, ist, so einen wundervollen Betrieb zu haben, dass die loyalen und zufrieden gestellten Kunden mit den Waren und Dienstleistungen weit und breit herumprahlen werden.

Anstatt ein kleines Vermögen (das man vielleicht ausborgen muss) in die Werbung zu stecken, ist es daher weitaus sinnvoller, das gleiche Geld, so vorhanden, in die Verbesserung der Produkte oder Dienstleistungen und in das Service für die Kunden anzulegen. Die offensichtliche Wirksamkeit dieser ehrlichen Botschaft ist verblüffend. Der Schlüssel für ein profitables ethisches Unternehmen ist, darauf zu achten, was man tut und wie man es tut. Das bedeutet nicht nur, Dienstleistungen und Produkte in Top-Qualität zu bieten, sondern auch, alle Berufskollegen und Kunden zu achten.

Heutzutage wird im Marketing für den Kundenkontakt das Internet als essenzielles Marketing-Tool genutzt. Dennoch sind die Vertrauenswürdigkeit des Betriebs und die persönlichen Empfehlungen zufrieden gestellter Kunden die beste Grundlage für ein erfolgreiches und persönlich befriedigendes Geschäftsleben.

Tun Sie Gutes, und lassen Sie dies Ihre Kunden wissen

Eine weitere Spielart ethischen Marketings ergibt sich daraus, dass Konsumenten gesellschaftliches Engagement von Unternehmen honorieren. Verbraucher achten nicht mehr nur auf den Preis oder auf die Qualität einer Marke, zunehmend spielt auch das soziale und ökologische Engagement eines Unternehmens (Corporate Social Responsibility – CSR) eine wichtige Rolle bei der Kaufentscheidung. Die Verbraucher erwarten in Zeiten von Globalisierung und

Staatsabbau eine größere Verantwortung der Unternehmen für das Gemeinwohl. Sie wollen heute wissen, unter welchen sozialen und ökologischen Bedingungen die Unternehmen produzieren. Sie werden durch negative Firmenschlagzeilen in ihrem Kaufverhalten beeinflusst und schätzen es, wenn sich Unternehmen für verbesserte Arbeitsbedingungen einsetzen. Ethische Marketingprogramme sind beliebt beim Verbraucher. Großen Zuspruch bei den Konsumenten findet es, wenn der Kauf eines Produktes mit einer Spende verknüpft ist. Am besten ist es, wenn das Produkt und der Spendenzweck zusammenpassen.

Im Hauptteil dieses Buch erfahren Sie, wie Sie als hochsensible Person Ihre typischen Stärken für Ihr ethisches Marketing einsetzen können. Sich zu fragen, was man gut kann, die eigenen Talente wirklich zu kennen ist der erste Schritt und die Vorbedingung, um auf seinen Stärken aufzubauen. Der wichtige Trick ist, nicht wie besessen an jenen Talenten und Fertigkeiten zu arbeiten, die einem fehlen, sondern sich darauf zu konzentrieren, jene Stärken weiter auszubilden, die man ohnehin schon hat, sodass die Schwächen weniger ausmachen. Natürlich, wenn Sie zu zerstreut sind, um sich heil über eine belebte Straße zu retten, so müssen Sie auch gegen Ihre Zerstreutheit etwas unternehmen, sich auf diese Schwäche einlassen.

Sechsundzwanzig Stärken, auf denen Sie aufbauen können, werden im Hauptteil des Buches vorgestellt. Vielleicht finden Sie ja weitere Stärken bei sich selbst oder bei Ihren Mitmenschen.

Dies ist das erste Marketingbuch für hochsensible Personen, und wir wünschen Ihnen viel Erfolg damit.

Das HSP-Konzept

Wie bereits in früheren Büchern dargelegt,[8] ist Sensibilität unter den Menschen unterschiedlich verteilt. In punkto Sensibilität gibt es zwei deutlich getrennte Untergruppen. Diese unterscheiden sich nicht nur in ihrer Sensibilität, sondern typischerweise auch in anderen Bereichen ihrer Persönlichkeit.[9]

Alle Menschen fühlen sich innerhalb einer bestimmten Bandbreite von Anregung durch verschiedenste Reize am wohlsten. Erhalten sie nicht genügend Anregung bzw. Stimulation, fühlen sie sich gelangweilt und unwohl. Nehmen sie hingegen mehr Reize auf als ihnen lieb ist, so fühlen sie sich überfordert, hilflos oder gar bedroht.

Ein gewisser Prozentsatz der Menschen, eben die HSP, erreichen die optimale Anregung schon bei einem Maß an Input, bei dem sich die nicht hochempfindliche Mehrheit noch langweilt. Wird die Anregung gesteigert bis zu dem Maß, an dem sich die Mehrheit optimal stimuliert fühlt, sind HSP bereits überlastet. Das frühe Überschreiten dieser Grenze liegt jedoch nicht daran, dass sie weniger Reize aushalten, sondern daran, dass sie mehr wahrnehmen. Hochempfindlichkeit hat die sehr reale physiologische Ursache eines besonders empfindlichen Nervensystems. Dadurch nehmen HSP mehr und feinere Einzelheiten auf. Auch verarbeiten sie alle Eindrücke ausführlicher und tiefer. Dies hat viele angenehme und nützliche Effekte, aber auch oft die Nebenwirkung, dass HSP den unangenehmen Zustand von Stress merklich früher erreichen als nicht-HSP. Hochsensible scheinen weitaus schwächere neurologische Filter zu haben und nehmen dadurch in der gleichen Situation weitaus mehr Reize auf als nicht hochempfindliche Menschen. Darüber hinaus verarbei-

8   Siehe Literaturliste im Anhang
9   Infos ebenfalls unter: www.zartbesaitet.net

ten sie sämtliche Reize gründlicher, was in Summe dazu führt, dass sie viel früher überstimuliert sind. Dann wollen sie nur mehr Ruhe und Sicherheit, um die aufgenommenen Eindrücke verarbeiten zu können. Situationen extremer Belastung können auch robuste Menschen überfordern. Naturkatastrophen, Grenzerfahrungen wie Geburt, Tod und intensive emotionale Krisen gehören dazu. Paradoxerweise können HSP jedoch in solchen Situationen ungeahnte Potenziale entfalten und sind oft diejenigen, die kühlen Kopf bewahren und den anderen Stütze und Hilfe bieten. Iwan Pawlow war der Erste, der diesen Effekt feststellte und »transmarginale Hemmung« nannte. Menschen mit einer solchen Eigenart reagieren auf schwache Reize intensiv und auf intensive Reize schwach. Sie machen nach seinen Untersuchungen ungefähr 15% der Bevölkerung aus. Die Vielfältigkeit innerhalb dieser großen Gruppe der HSP ist nicht zu vernachlässigen.

Für ausführliche Einzelheiten zum Konzept der Hochsensibilität verweisen wir Sie auf das Buch »Zart besaitet – Selbstverständnis, Selbstachtung und Selbsthilfe für hochempfindliche Menschen« von Georg Parlow. Besonderheiten der hochsensiblen Minderheit, die für das Marketing relevant sind, werden wir im Hauptteil des Buches besprechen.

Einführung ins Marketing

»Marketing, das brauche ich nicht, meine Produkte sind ohnehin gut und nützlich.« Dieser Satz beruht auf einem Missverständnis. Denn Marketing zu betreiben bedeutet nicht, ein Produkt so lange schönzureden, bis sich genügend Dumme finden, die es dann kaufen. Und dass man zufällig ein Produkt anbietet, das ein jeder kaufen will, weil er gerade darauf gewartet hat, kann zwar vorkommen, ist jedoch heutzutage und hierzulande sehr unwahrscheinlich, da es einfach zu viele Angebote gibt.

Die grundlegenden Gesetze des Marketings bilden selbstverständlich auch das Fundament für ethisches Marketing, daher werden die wichtigsten Bausteine des klassischen Marketings hier vorgestellt. Dieses Kapitel dient der Vermittlung der Kernerfordernisse des herkömmlichen Marketings, die ja auch im ethischen Marketing nach wie vor bestehen.

Es gibt viele verschiedene Definitionen des Begriffs Marketing. Schlägt man eines der zahlreich existierenden Fachbücher auf, findet man zum Beispiel »Marketing ist der Weg vom Anbieter zum Kunden«. In einem anderen steht »Marketing ist die Ausrichtung von Angeboten auf die Erfordernisse des Marktes.« Beide Definitionen lassen den Aspekt erkennen, dass Marketing nicht nachträglich einer Ware übergestülpt wird und auch nicht separat vom Produkt stattfindet, wenn es wirksam und sinnvoll sein soll. Es ist von Anfang an mit dabei und endet zeitgleich mit dem Produkt. Von der Idee über ihre Realisierung bis zum Verkauf wird alles vom Marketing abgedeckt und bestimmt. Hat man sich für diese Betrachtungsweise entschieden, spielt es keine Rolle, welche formale Definition für den Begriff Marketing man sich aussucht.

Marketing beinhaltet also das Führen des Unternehmens vom Markte her. Es ist Philosophie, Denkhaltung und Maxime für ein systematisches, marktgerichtetes und marktgerechtes Vorgehen. Natürlich ist es auch Aufgabe des Marketings, Produkten eine ansprechende Verpackung zu verpassen und sie in Katalogen und im Internet ins rechte Licht zu rücken. Aber eben nicht nur das. Im Marketing sind auch alle Kontakte nach außen enthalten. Wer Marketing richtig betreibt, kann den Bedürfnissen seiner Kunden besser gerecht werden. Er kann die Kunden zufrieden stellen, was sich natürlich auf den Umsatz positiv auswirkt. Somit ist ausreichendes Wissen über Marketing im eigenen Bereich eine der Grundvoraussetzungen für den wirtschaftlichen Erfolg.

Seit den 90er Jahren spielt die Kundenorientierung im Marketing die wichtige Rolle. Undifferenziertes Massenmarketing reicht bei zunehmendem Verdrängungswettbewerb nicht mehr aus. Also werden Zielgruppen segmentiert, Produkte maßgeschneidert, Mitarbeiter in Kundenorientierung geschult und das ganze Unternehmen auf die Bedürfnisse des Kunden ausgerichtet, etwa in Liefergeschwindigkeit, Flexibilität und Vertrauensaufbau. Sich in die Kunden hinein zu versetzen von der Produktplanung an ist unerlässlich. An der Spitze der Unternehmenswerte stehen die Kunden. Der Marketingbereich schließt die Kontakte zu Lieferanten und Geschäftsfreunden mit ein. Außerdem müssen der Unternehmer und der für das Marketing zuständige Mitarbeiter auch dafür sorgen, dass genügend Zeit für wichtige Marketing-Aktivitäten zur Verfügung steht und dass die Bedürfnisse aller Beteiligten deutlich wahrgenommen und berücksichtigt werden. Darüber hinaus kümmert sich der Marketingverantwortliche um die Kundenbetreuung, das heißt, er besucht die Kunden zu Hause oder in ihrem Geschäft, um sich einen Eindruck von der Nutzung der Produkte oder Dienstleistungen seiner Firma zu schaffen. Erfolgreiches Management erfordert die Übertragung dieses Verantwortungsbereichs auf einen oder mehrere bestimmte Mitarbeiterinnen und Mitarbeiter je nach Größe der Firma, sowie die Erstellung von Berichten zur Effektivitätsprüfung, ganz gleich, wie klein der Betrieb ist und wie wenige Mitarbeiter er beschäftigt.

Hauptziel eines Unternehmens ist, das Überleben des Unternehmens zu sichern. Daher ist die wichtigste Frage, die man sich stellen muss, was man tun kann, um den notwendigen Umsatz zu erreichen, der es einem ermöglicht, die Kosten zu decken und darüber hinaus einen Gewinn zu erwirtschaften. Diese Sicherung des Gewinns ist das Hauptziel.

Davon ausgehend gelangt man zu den MARKETINGZIELEN. Zunächst werden allgemeine Marketingziele formuliert aufgrund der Informationen, die der Unternehmer im Rahmen der Bestimmung seiner Marketingsituation ermittelt hat. Dabei werden Schwerpunkte gesetzt, je nach den allgemeinen Unternehmenszielen, die zum Beispiel wie folgt formuliert sein könnten: Erhöhung der Gewinnspanne, Steigerung des Absatzes, Senkung der Vertriebskosten, Verringerung des Kapitaleinsatzes.

Zuallererst sollte immer Marktforschung betrieben werden und dann erst das Produkt für eine ganz bestimmte Marktnische entwickelt werden. Was genau angeboten wird und worin es sich unterscheidet vom Angebot der Mitbewerber, ist herauszufinden und auszuformulieren. Man nennt diese Besonderheit eines Angebots, das ein Produkt oder eine Dienstleistung sein kann, USP (UNIQUE SELLING PROPOSITION) oder Alleinstellungsmerkmal.

Was möchten Sie anbieten und wie unterscheidet es sich im Detail von den Angeboten Ihrer Mitbewerber? Das MISSION STATEMENT ist eine Zusammenfassung der unternehmerischen Identität in einem Slogan, der das Konzept kommuniziert. Sehr wichtig ist die Definition einer oder mehrerer Zielgruppen, an die sich das Angebot richtet. Große Bedeutung haben: der Standort des Unternehmens, das Einzugsgebiet sowie die Anbieter gleicher oder ähnlicher Produkte.

Unter MARKTSEGMENTIERUNG versteht man die Aufteilung des Gesamtmarktes in homogene Teilmärkte, um diese Teilmärkte erfolgreicher als den Gesamtmarkt bearbeiten zu können. Geografische oder verhaltensorientierte Merkmale können zum Beispiel Kriterien für die Segmentierung sein. Das Unternehmen segmentiert den Markt und wählt die für sich am besten geeigneten Segmente aus.

Wie bereits erwähnt, gibt es Marketing nicht nur für Produkte, sondern auch für Dienstleistungen. Für den Kunden spielt bei Dienstleistern wie Hausärzten oder Kosmetikerinnen deren Persönlichkeit eine größere Rolle als beim Kauf von Produkten. Die Nicht-Greifbarkeit einer Dienstleistung kann zur Unsicherheit führen, denn es gibt kein materielles Produkt, welches betrachtet oder getestet werden kann. Vertrauen und Überzeugungskraft in der persönlichen und emotionalen Beziehung zwischen Klienten und Dienstleistern sind notwendig.

Gutes, erfolgreiches Marketing setzt systematisches Handeln voraus. Das bedeutet, die Prozesse im Unternehmen planvoll und zielgerichtet zu managen. Jeder Unternehmer nimmt für sich in Anspruch, diese Anforderung zu erfüllen. Ob das aber tatsächlich so ist, muss er immer wieder überprüfen.

Nachdem ein Unternehmer seine Konzepte definiert hat, wird er sich mit den erforderlichen Strategien auseinandersetzen. Eine Strategie ist ein auf lange Sicht angelegter detaillierter Plan des Vorgehens, um geplante Ziele zu erreichen. Man versucht, Faktoren, die das eigene Handeln beeinflussen könnten, von vornherein einzukalkulieren. Die Frage lautet also: Wie kann das Gewollte erreicht werden?

Das MARKETINGKONZEPT ist eine Einheit aus Zielbestimmung, Bestimmung der Einflussfaktoren und eigenen Handlungen, um diese Ziele zu erreichen. Wegen des herrschenden Wettbewerbs reicht es nicht aus, den richtigen Markt und ein marktkonformes Leistungskonzept zu wählen. Der Verkaufserfolg ist darüber hinaus vom Einsatz des richtigen Marketing-Mixes, von dem noch die Rede sein wird, abhängig. Diese drei Faktoren sollten gemeinsam geplant, also strategisch unter einen Hut gebracht werden.

Selbstverständlich kann auch ohne definierte Strategie gearbeitet werden. Das heißt aber nur, dass eine Strategie des kurzfristigen Lavierens, des Reagierens auf andere verfolgt wird. Und dann bestimmen andere, wie sich der Markt entwickelt. Verbunden ist das im Normalfall mit erhöhten Aufwendungen und geringerem Erfolg. Strategische Entscheidungen sind vielfältig, so vielfältig wie die Einflussfaktoren, die es zu berücksichtigen gilt. Demzufolge kann es auch keine einheitliche, in allen Situationen zutreffende Marktstrategie geben. Vielmehr muss sich der Unternehmer darüber klar werden, auf welchen Feldern strategische Entscheidungen zu treffen sind, und diese dann umsetzen.

Was sind die Hauptgebiete, auf denen strategische Entscheidungen zu treffen sind? Das erste Entscheidungsfeld ist die Bearbeitung der potenziellen Kunden, dann kommen die Einstellung zum Wettbewerb und Fragen der Distribution. Innerhalb dieser Bereiche gibt es wiederum eine Vielzahl von Einzelaspekten, zum Beispiel Strategien der Marktbearbeitung, das kann bedeuten, neue Kundengruppen zu gewinnen oder der Distribution, der Vertriebswege. Die gesamte Unternehmensstrategie setzt sich aus vielen Einzelstrategien zusammen, daher müssen Prioritäten gesetzt werden.

Ein Teilbereich des klassischen Marketings ist die Gestaltung der Produkte bzw. Dienstleistungen. Hier ist zu erarbeiten, wie die Leistungen des Unternehmens aussehen müssen, um den Bedürfnissen der Klienten gerecht zu werden. Vertrauen, Effizienz, Effektivität, Qualität, Beratungsstil und die Persönlichkeit spielen bei Dienstleistungen eine große Rolle.

Die PREISGESTALTUNG ist ein weiterer Teilbereich. Wie muss der Preis der Leistungen bestimmt sein, damit er vom Kunden akzeptiert wird? Die Festlegung der Preise und die Bestimmung von Rabatten sowie Mengenzuschlägen oder Zahlungs- und Kreditbedingungen gehören hier hinein.

Die Fragen der DISTRIBUTION behandeln, wie die Leistung möglichst einfach, schnell und kostengünstig zum Klienten oder Kunden kommt, während man sich in der KOMMUNIKATION überlegt, wie das Unternehmen die Kunden auf die Angebote aufmerksam machen bzw. vom Kauf überzeugen kann. Dies kann zum Beispiel direkt im persönlichen Dialog mit dem Kunden stattfinden.

Wer seine potenziellen Kunden erreichen will und möchte, dass sie die angebotenen Leistungen annehmen, muss im klassischen Marketing den Markt aktiv bearbeiten. Das heißt, auf seine potenziellen Kunden einwirken, sich an den potenziellen Kunden wenden. Der Kunde steht im Mittelpunkt der Betrachtung des Unternehmers, er richtet sein Unternehmen auf die Kunden aus. Die Zusammenarbeit mit den Kunden wird ausgebaut, die Zufriedenheit der Kunden gemessen, Kenntnisse über die Kunden und deren Anforderungen erworben. Es muss auf REKLAMATIONEN besonders geachtet werden.

Der so genannte MARKETING-MIX entspringt den oben vorgestellten Überlegungen zum Produkt, dem Preis, der Distribution und der Kommunikation.

Um klassisches Marketing erfolgreich realisieren zu können, stehen dem Unternehmer verschiedene Instrumente zur Verfügung, die in unterschiedlichen Kombinationen eingesetzt werden können. Sie sind abhängig von der vorgefundenen Marktsituation und können sich in einem bestimmten Zeitraum auch ändern. Da es sich immer um verschiedene Instrumente handelt, spricht man vom Marketing-Mix. Durch den Einsatz des richtigen Marketing-Mixes wird versucht, die Bedürfnisse seiner Kunden zu befriedigen und dadurch einen Gewinn für das Unternehmen zu erzielen. Um dies zu können, bedarf es entsprechender Marketingstrategien sowie einer adäquaten Marketingorganisation.

Basis eines erfolgreichen Marketings ist eine Marketingkonzeption, die langfristig angelegt sein sollte. Geht man konzeptionslos vor, läuft man in Gefahr, Kraft und finanzielle Mittel zu verschwenden. Schnell wird Wichtiges vergessen oder es werden Dinge doppelt getan oder, was noch kritischer ist, nicht aufeinander abgestimmt getan.

Folgende Punkte sollten mindestens in einer Marketingkonzeption vorhanden sein: Marketingziele, Entscheidungen zur Markt- und Produktwahl, die Zusammensetzung des Leistungskonzepts und die Festlegungen zur Marketingstrategie. Hinzu kommen alle Festlegungen, die zum Marketing-Mix gehören. Das Marketingkonzept beinhaltet die Kommunikation von Leitbild und Philosophie des Unternehmens. Eine ganzheitliche Denkweise, die sich in jeder Handlung niederschlägt, ist erforderlich. Ebenso wichtig ist die Zeitplanung. Dazu muss möglichst genau abgeschätzt werden, wie lange man für Vorbereitungen und deren Umsetzung braucht.

Der MARKETINGPLAN ist die schriftlich niedergelegte Zusammenfassung der Unternehmensvorhaben in einem bestimmten Zeitraum. Er geht vom Status quo aus, beschreibt den angestrebten Zielzustand und den Weg dorthin in der Marketingstrategie. Mehr zum Marketingplan finden Sie im nächsten Kapitel. Das Wichtigste am Marketingplan ist sicherlich, ihn einzuhalten und zwar gerade dann, wenn das Geschäft gut läuft. Der allerbeste Zeitpunkt, sich zu vermarkten ist, wenn man es nicht bräuchte.

Im Marketing geht es bestimmt um optimale Problemlösungen für den Kunden. Geht man einfach einmal davon aus, dass Kunden und potenzielle Kunden mit hoher Wahrscheinlichkeit vor nicht gelösten Problemen, vor nicht erfüllten Wünschen, vor nicht befriedigten Bedürfnissen stehen, so ist man gut beraten, sich als ein Bereitsteller von Problemlösungen, als ein Wünsche-Erfüller zu sehen. Wer die vergleichsweise beste Lösung anbietet, hat die größten Chancen in diesem Wettbewerb. Marketing ist daher als die Strategie der optimalen Problemlösung, der optimalen Wunscherfüllung, der optimalen Bedürfnisbefriedigung zu sehen. Zur Umsetzung dieser Marketingforderung geht man systematisch vor und Schritt für Schritt. Durch regelmäßige Marktanalysen ist festzustellen, welche Probleme, Wünsche oder Bedürfnisse potenzielle Kunden haben. Dieser Ansatz erfordert Kundennähe. Die entsprechende Problemlösung muss einen erkennbaren Vorteil für den Kunden beinhalten.

Werbung ist überall, sie ist allgegenwärtig. Wir beschäftigen uns unbewusst viele Stunden pro Woche damit. Werbung ist ein weiteres Instrument des Marketings und ein Bestandteil des klassischen Marketing-Mixes. Es gibt keine exakte Definition für Werbung. Wenn man diesen Begriff am weitesten auslegt, ist Werbung jede Form von Beeinflussung, die nicht mit direktem Zwang erreicht wird. Sie bedeutet in diesem Kontext eine vom Anbieter ausgehende, auf das Zustandekommen bzw. die Erhaltung einer auf unmittelbare Tauschprozesse zielende Kommunikation. Im Unterschied dazu sind Public Relations (PR) oder Verbraucherinformationen nicht auf unmittelbare Tauschprozesse ausgerichtet.

Klassische Werbung wird immer ineffizienter. Schon lange ist kein Konsument mehr in der Lage dazu, so viel Werbung aufzunehmen, wie ihm vorgesetzt wird. Viele Menschen schalten ab: Sie ignorieren Rundfunkspots, überblättern großformatige Zeitungsanzeigen oder gehen in der Werbepause einfach in die Küche oder ins Bad.

Ein grundlegendes Konzept dieses Buches für ethisches Marketing ist der Verzicht auf Anzeigenwerbung im Marketing-Mix. Die Anwendung von ethischen Marketing-Strategien, die auf der Basis von Mundpropaganda und Netzwerken fußen, soll teure Werbeaktionen ersetzen.

Selbstständig arbeitende sowie karriereorientierte angestellte hochsensible Personen, die sich dem ethischen Marketing im Sinne des vorliegenden Buches angezogen fühlen und verschreiben wollen, sollten auf alle Fälle die Grundgesetze des klassischen Marketings kennen und im Auge behalten. Es gibt genügend einschlägige Literatur dazu auf dem Markt.

Auch Angestellte, die in ihrer Firma aufsteigen möchten oder oft auch nur ihren Arbeitsplatz behalten möchten, kommen um ein wenig Selbstmarketing nicht herum. Lesen Sie im Abschnitt »2. Stärke: Offenheit/Transparenz«, wie Sie Ihre eigene USP finden.

Dass viele hochsensible Personen aufgrund ihrer Besonderheit das ethische Marketing als eine für sie besser geeignete Form des Marketings bevorzugen werden, wird spätestens im nächsten Kapitel klar werden. Der Grund liegt in den teilweise auf ihrer Sensibilität basierenden Stärken. Es wird die Rede sein vom wertschätzenden Umgang mit Mitarbeitern, der fürsorglichen Nachbetreuung der Käufer, nachhaltigem Umgang mit Ressourcen, umweltfreundlicher Produktion sowie der Entwicklung einer fairen Rücktrittspolitik, da all dies zum ethischen Marketing gehört.

Sicherlich kann es vorkommen, wenn Sie ein tolles Produkt entwickeln, ihm einen passenden Markennamen geben, es gut verpacken und es dann einem eloquenten Verkäufer übergeben können, dass Sie nichts Weiteres tun müssen. Die Kombination eines ansprechenden Produkts oder einer ansprechenden Marke mit gutem Verkauf und Service kann ein Unternehmen ganz alleine zum Erfolg führen. Mit etwas Glück. Aber meist wird Ihnen angemessenes Marketing zu mehr Erfolg verhelfen.

Nach dieser kurzen Einführung ins Marketing wenden wir uns speziell dem ethischen Stärken-Marketing zu. Im folgenden Kapitel gibt es einen kurzen Abriss der Power-Therapien als Vorbereitung für die Übungen zur Stärkenvertiefung.

Georg Parlow:
Einführung in die Power-Techniken

Wer auf Anzeigenwerbung verzichtet, hat deshalb nicht notwendigerweise weniger Aufgaben rund ums Marketing, vielleicht im Gegenteil. Der Rest des Buches beschäftigt sich damit, was Sie als sensibler Klein- und Kleinstunternehmer tun können, damit Ihre Kunden so zufrieden mit Ihren Leistungen, Produkten und der Qualität der Transaktionen werden, dass sie selbst aktive Werbeträger werden, indem sie das Unternehmen gerne weiter empfehlen. Um das zu erreichen wird es viele Aspekte zu berücksichtigen, viele Details zu beachten geben. Manche der Aufgaben werden dem Naturell der sensiblen Unternehmerpersönlichkeit entsprechen, diese sind sicherlich verstärkt zu betreiben. Andere mögen sensibleren, vielleicht scheueren Menschen schwer fallen. Diese problematischen Tätigkeiten können sicherlich reduziert bzw. teilweise durch andere Aktivitäten ausgeglichen werden, aber es mag sich bei Erstellung des Marketingplanes herausstellen, dass es unklug wäre, ganz auf sie zu verzichten.

Wenn manche Menschen bei sich persönliche Probleme und innere Widerstände gegen verschiedene Marketing-Aktivitäten bemerken, so ist das oft sehr begründet, weil vieles, was heutzutage im Verkauf und im Kampf um Marktanteile gang und gäbe ist, ihren hohen ethischen Ansprüchen nicht genügt. Es kann aber auch sein, dass Sie bei den vielen und vielseitigen Marketing-Tipps und Anregungen aus dem ethischen Marketing in diesem Buch, bei den Beispielen aus der Praxis, den Listen und Arbeitsblättern Widerstände wahrnehmen, ebenso bei der Vorstellung, diese durchzuführen. Dass Sie sich bei der Vorstellung einer praktischen Umsetzung überfordert oder verwirrt fühlen.

Klären Sie in diesem Fall bitte zuerst ab, ob Sie die Tätigkeit an sich tatsächlich bedenklich finden, oder ob Sie diese in Ordnung finden und vielleicht stimmig für sich und Ihr Wirken in der Welt fänden. Finden Sie die Aufgabe prinzipiell unbedenklich oder nützlich und erleben trotzdem Abwehr gegen die Umsetzung, so kann es sinnvoll sein, die dafür verantwortlichen alten Prägungen umzuschreiben. Darum geht es hier in diesem Kapitel, bzw. in den Power-Techniken am Ende einzelner Themenbereiche.

Seit Anfang der 90-er Jahre gibt es Randströmungen der Psychologie, innerhalb derer eine Vielzahl von teilweise sehr simplen aber oft erstaunlich effizienten Psychotechniken entwickelt wurde. Daraus wollen wir Ihnen hier einige Ansätze vorstellen, mit deren Hilfe sich so manche Schwäche ausgleichen lässt, bzw. können damit wenig auffällige Persönlichkeitszüge in Stärken verwandelt werden. Am Ende mancher Kapitel werden wir Anregungen geben, wie sich die einzelnen Techniken in den verschiedenen Bereichen anwenden lassen. Hier werden wir Ihnen die Grundlagen nahe bringen, auf die dann bei den konkreten Anwendungsbeispielen Bezug genommen wird.

Der Großteil der in diesem Zusammenhang vorgestellten Methoden zur Selbstbehandlung kommt aus den Energie- oder Meridian-Therapien, von denen in den letzten Jahren einige aus den USA zu uns kamen, sowie aus den sogenannten spirituellen Technologien des serbischen Psychologen Zivorad Slavinski, bzw. handelt es sich um Weiterentwicklungen oder Kombinationen aus den genannten. Sie alle scheinen noch rascher zu wirken, wenn sie von Selbstliebe begleitet sind. Ja, die Selbstliebe erscheint uns so wichtig, dass wir gleich mit den Übungen dazu den praktischen Teil des Kapitels beginnen.

Selbstliebe nach Hendricks

Das amerikanische Ehepaar Gay und Kathlyn Hendricks hat sich ganz dem Thema Selbstliebe verschrieben. Die beiden haben mehrere Bücher zu dem Thema veröffentlicht, leiten Seminare und Workshops, und geben konkrete und nachvollziehbare Anleitungen dazu. Eine simple und effektive Technik aus ihrem Repertoire möchten wir hier vorstellen.

Erinnern Sie sich an eine Situation aus der Kindheit, in der Sie jemanden oder etwas intensiv geliebt haben. Vermeiden Sie dabei Situationen mit Nahbeziehungen (Eltern, Geschwister), weil Sie für diese Übung ein reines Gefühl brauchen, ohne subtile Beimischungen von Zurückweisung, Abhängigkeit etc. aus anderen Situationen mit der selben Person. Ein Stofftier, ein Haustier oder etwas entferntere Personen, wie eine geliebte Tante oder ein Großvater eignen sich meist sehr gut.

Stellen Sie sich vor, das gewählte Objekt der Liebe sei vor Ihnen, und erwecken Sie die Liebe von damals in Ihrem Herzen. Mit geschlossenen Augen richten Sie Ihre Aufmerksamkeit auf das vorgestellte Liebesobjekt, und lassen Sie Ihre Liebe fließen. Fahren Sie damit fort bis Sie spüren wie die Liebe aus dem Herzen strömt, hin zu dem Objekt Ihrer Liebe.

Nun beginnen Sie mit dem Strom zu experimentieren: lenken Sie ihn etwas nach links und rechts, und dann nach oben und unten. Spielen Sie ein bisschen damit, wie mit einem Gartenschlauch. Im nächsten Schritt drehen Sie den Strom der Liebe um und lassen sie ihn auf sich selbst zurück fließen, so als würden Sie den Schlauch zurück auf sich selbst richten.

Für manche Menschen geht es besser, wenn sie zuerst nur einen kleinen Teil dieses Strahls auf sich zurücklenken, für andere ist das kompliziert, die tun sich leichter, wenn sie den ganzen Strahl auf einmal umlenken. Experimentieren Sie damit und fahren Sie fort, bis die gesamte Liebe, die aus Ihrem Herzen strömt, sich auf Sie selbst ergießt.

An dem Punkt können Sie das vorgestellte Objekt der Liebe verblassen lassen, und sich im Strahl Ihrer eigenen Liebe baden. Manche Menschen tun sich schwer mit dem ›Umdrehen des Schlauches‹. Sie können auch versuchen, das Objekt der Liebe immer näher heran zu holen, eventuell etwas schrumpfen zu lassen, und es dann in die eigene Körpermitte zu schieben. Ist das geschafft und die Liebe fließt immer noch, ist der nächste Schritt, das Objekt langsam verschwinden zu lassen.

Üben Sie das so lange und immer wieder, bis Sie dieses hier beschriebene einleitende Ritual immer weniger brauchen, und Sie sich selbst diese Liebe zukommen lassen können, wann immer Sie das brauchen.

Diese Art der Selbstliebe hat mehrere große Anwendungsgebiete. Der für uns hier interessanteste Bereich ist die Selbstheilung – wer sich mit schwierigen Inhalten der eigenen Persönlichkeit befasst (egal ob schmerzliche Erinnerungen, eigene Schwächen, etc.), kann mit Selbstliebe diesen unangenehmen Dingen leichter ins Auge schauen. Und psycho-emotionale Heilungsprozesse sind üblicherweise viel schneller abgeschlossen, wenn sie von Selbstliebe begleitet und unterstützt werden. Bei den verschiedenen im Buch verteilten Power-Tipps werden wir auch immer wieder auf die Selbstliebe hinweisen.

Darüber hinaus ist die Selbstliebe eine Meta-Technik zur Bewältigung emotional anstrengender Situationen. Wenn Sie sich attackiert oder ungerecht behandelt fühlen, Angst haben Ihre Meinung zu sagen oder ähnlichen Herausforderungen gegenüberstehen, sind Sie gut beraten, sich in der oben beschriebenen Weise selbst Liebe zu geben. Sie ruhen dann automatisch besser in sich selbst und alles ist viel weniger bedrohlich. Die Selbstliebe in solchen Situationen quasi im Hintergrund mitlaufen zu lassen ist zwar schon die hohe Schule, aber die Ergebnisse und sofortigen Auswirkungen auf die Lebensqualität sind es wert, so lange zu üben bis Sie das können.

Aber auch wenn Sie jemanden in einer schwierigen Situation begleiten – sei es in heilender, therapeutischer Funktion, oder als Freund – so ist es leichter, mitfühlend zu sein, wenn Sie sich dabei selbst lieben. Wer darüber hinaus auch die andere Person lieben kann, mag das ruhig tun, aber in einer solchen Situation nur dem anderen Menschen Liebe zufließen zu lassen ohne sich selbst zu lieben ist oft für die begleitete Person zusätzlich belastend und für den Begleiter ungleich anstrengender.

Bewertung des gegenwärtigen Belastungsgrads (SUD – subjective units of distress)

Für die effiziente Selbstbehandlung von alten Wunden, unerwünschten Gefühlen oder irrationalen Beschränkungen ist es sehr von Vorteil, zur Selbstkontrolle des Behandlungserfolges und zur Evaluation der Techniken mit den sog. SUD‹s zu arbeiten. Diese Abkürzung kommt ursprünglich aus dem Englischen und steht dort für *subjective units of distress* (subjektive Leidenseinheiten) – als Eselsbrücke mag die Übersetzung »subjektiv unangenehmer Druck« tauglich sein.

Nachdem der zu behandelnde Zustand identifiziert wurde (zum Beispiel die Angst vor Fahrstühlen), schreiben Sie das auf einen Zettel oder in ein dafür angelegtes Power-Tipp-Buch: »Angst vor Fahrstühlen«. Danach schließen Sie die Augen und versetzen Sie sich in eine Situation, in der Sie mit dieser Angst konfrontiert sind (mittels Erinnerung oder Vorstellung). Nehmen Sie Ihre Reaktion wahr, und bewerten Sie die Intensität des gegenwärtigen subjektiven Belastungsgrades auf einer Skala von 0 bis 10. Im englischen Wikipedia findet sich dazu ungefähr folgende Skala:

0   Ruhe, Friede, Erleichterung, keinerlei unangenehme Gefühle.

1   keine akute Belastung, gutes Grundgefühl; wenn Sie genau hinspüren bemerken Sie ein leichtes Unwohlsein.

2   noch immer ein oberflächlich gutes Gefühl, unter dem ein schwaches aber merkliches Unwohlsein liegt.

3   ein milder, aber bereits unübersehbarer, unangenehmer Zustand.

4   etwas aufgewühlt, besorgt oder verstört in einem Maße, dass es nicht mehr leicht ignoriert werden kann; Sie können noch gut damit umgehen, fühlen sich aber nicht wohl.

5   mäßig aufgewühlt, unbehaglich; die unangenehmen Gefühle lassen sich nur mehr mit einer gewissen Anstrengung handhaben.

6   Sie fühlen sich bereits so schlecht, dass Sie finden, es müsse etwas dagegen unternommen werden.

7   hier beginnen heftige negative Gefühle, Sie fühlen sich an der Kippe und erleben es als schwierig, die Kontrolle zu wahren.

8   beginnendes Ausagieren, der Beginn der Entfremdung.

9   Verzweiflung; was die meisten Menschen eine 10 nennen, ist tatsächlich eine 9; Sie haben den Punkt erreicht, wo es sich fast unerträglich anfühlt; Sie fühlen sich sehr sehr schlecht und verlieren die Kontrolle über ihre Gefühle.

10   die höchste vorstellbare Belastung; Sie erleiden unerträglich negative Gefühle, Kontrollverlust, Überforderung, fühlen sich in die Enge getrieben, sind u. U. so aufgewühlt, dass Sie nicht darüber sprechen wollen, weil Sie sich nicht vorstellen können, dass irgend jemand Ihre Erregung nachvollziehen kann.

Es gibt jedoch keine starren Regeln, nach denen jemand den gegenwärtigen Belastungsgrad zu bewerten hätte, deshalb wird es auch der subjektive Druck genannt. Wichtig ist nur, dass der Wert Null die völlige Abwesenheit von Belastung darstellt, und 10 die größte vorstellbare Belastung. Die Werte dazwischen können auch intuitiv festgelegt werden. Wichtig ist, den subjektiven Wert der momentanen Belastung zu nehmen, den die Thematik *jetzt* hervorruft, und diesen Wert schriftlich festzuhalten, am besten rechts neben der Bezeichnung der belastenden Situation. In Ihrem Arbeitsheft steht dann beispielsweise das Datum, die Uhrzeit und daneben »Angst vor Fahrstühlen … 6«.

Diese Dokumentation des subjektiven Belastungsgrades hat einen unmittelbaren und einen längerfristigen Zweck. Wenn Sie Ihre etwaige Angst vor Fahrstühlen dann mit einer der nachfolgend beschriebenen Methoden zur Selbstbehandlung bearbeiten, kann es sinnvoll sein, nach einiger Zeit eine Neubewertung des Belastungsgrades vorzunehmen. Wenn Sie sich 20 Minuten mit einer der Techniken bemüht haben und meinen, dass das bei Ihnen wohl doch nicht wirkt, mag es sehr motivierend sein festzustellen, dass die subjektive Belastung nicht mehr 6, sondern nur mehr 2 bis 3 darstellt. Wenn andererseits nach einer Stunde überhaupt keine Bewegung feststellbar ist, macht es wenig Sinn, mit der gleichen Technik eine weitere Stunde zu verbringen. Längerfristig ist es sehr sinnvoll, die belastenden Dinge und ihre Bearbeitung in dieser Weise zu dokumentieren, damit Sie einerseits auf dem Boden der Realität bleiben, und andererseits diese wichtigen Techniken nicht aus den Augen verlieren. Denn die Änderungen fühlen sich ganz natürlich an, Sie werden wahrscheinlich nicht das Gefühl haben, auf einmal ein anderer Mensch zu sein, es ist meist nichts von einem Durchbruch oder einer Katharsis daran. Deshalb sind ›vorher-nachher‹ Aufzeichnungen wichtig, um die Wirksamkeit einschätzen zu können. Denn immer wieder kommt es vor, dass sich Menschen nach wenigen Tagen gar nicht mehr daran erinnern, das Problem jemals gehabt zu haben. Das schmälert zwar nicht die Erfolge, kann aber insofern ungünstig sein, dass diese Techniken bei zukünftigen Problemen nicht mehr angewandt werden, weil keine Erinnerung an ihre Effektivität vorhanden ist.

Meridianpunkte für die Methoden aus den Energie-Therapien

Die meisten Menschen sprechen gut an auf die verschiedenen Methoden aus den Energie-Therapien. Diese werden oft auch als »Meridian-Klopfen« zusammen gefasst, obgleich nicht bei allen geklopft wird. Es ist sicherlich von Vorteil, sich mit diesen Punkten am eigenen Körper vertraut zu machen, damit der mechanische Teil der Psychotechnik wenig Aufmerksamkeit beansprucht, die dann frei bleibt für die emotionalen, sensorischen, gedanklichen oder bildhaften Inhalte.

Für verschiedene Selbstbehandlungen sind 7 Akupressurpunkte wichtig: drei rund um die Augen, zwei beim Mund, einer am Schlüsselbein und der letzte ist eigentlich kein Punkt, sondern eine Stelle mit mindestens 10 cm Durchmesser unter dem Arm. Die Punkte sind in der Grafik der Übersichtlichkeit wegen nur auf einer Körperhälfte abgebildet, befinden sich aber symmetrisch auf beiden Seiten.

In der korrekten Reihenfolge von 1 bis 7 befinden sie sich

1   Der erste Punkt liegt im Winkel zwischen Augenbraue und Nasenwurzel.

2   Neben dem Augenwinkel, direkt auf dem das Auge umgebenden Knochenwulst findet sich der zweite Punkt; beim Tasten mit einem gewissen Druck fühlt er sich etwas empfindlicher an.

3   Der dritte Punkt liegt ebenfalls auf diesem Knochenwulst, diesmal genau mittig unter dem Auge, und ist ebenfalls empfindlich.

4   Unter der Nase, knapp über den Scheidezähnen findet sich der vierte Punkt genau auf der Symmetrieachse des Gesichtes; er ist ebenso wie der nächste nur einfach vorhanden, während sich alle anderen sowohl auf der linken wie auch auf der rechten Körperhälfte finden.

5   Unterhalb der Unterlippe, am Kinn knapp unter den Schneidezähnen liegt der fünfte Punkt.

6   Am inneren Schlüsselbeingelenk, das ist die Verdickung am Ende des Schlüsselbeines beim Brustbein, findet sich der sechste Punkt.

7   Unter beiden Armen finden sich ungefähr auf Höhe des Herzens die siebenten »Punkte«, die mit mindestens 10 cm Durchmesser kaum zu verfehlen sind.

Eine Skizze mit den Meridianpunkten finden Sie im Anhang dieses Buches.

Selbstbehandlung mittels Meridian-Therapien

Aktiviert werden diese Punkte bei einer Anwendungsart mittels sanftem Druck, der am besten mit der Kuppe eines Mittelfingers ausgeübt wird, bei der anderen Anwendung durch leichtes, rhythmisches Klopfen mit der weichen Fingerkuppe.

Im Text wird es zum Beispiel heißen »behandeln Sie [dieses Gefühl] durch Druck und Beatmung [siehe weiter unten] sowie durch anschließendes Klopfen der 7 Meridianpunkte«. Sagen wir, dieses

Gefühl sei ein ganz bestimmtes Gefühl von Angst, das einher geht mit einer Enge im Hals, und das auftritt, wenn Sie sich vorstellen eine Rede zu halten. Schreiben Sie zuerst auf ein Blatt Papier ›Angst vor öffentlichem Reden mit Enge im Hals‹, und rechts daneben schreiben Sie die subjektive Bewertung des gegenwärtigen Belastungsgrades, den SUD, so wie oben beschrieben.

Die nachfolgende, beispielhafte Selbstbehandlung mag sich etwas kompliziert lesen beim ersten Mal. Wenn Sie die Power dieser Methoden für sich, Ihre Entwicklung und Ihr erfolgreiches Wirken in der Welt nutzen wollen, sei Ihnen empfohlen, das Beispiel zuerst mehrere Male zu lesen. Danach spielen Sie es Schritt um Schritt nach (mit einer eigenen unangenehmen Gefühlsreaktion), oder noch besser: bitten Sie Ihren Partner, Ihre Partnerin oder einen guten Freund, sich mit Ihnen und dem Buch hinzusetzen, und Sie ein- oder zweimal nach dem Muster dieses Beispiels durch den Prozess zu führen. Alternativ dazu können Sie natürlich auch zu jemandem gehen, die oder der professionell mit diesen Power-Techniken psychotherapeutisch arbeitet. Auf beiden Wegen werden Sie wohl schon bald alleine damit arbeiten können, und sobald Sie vertraut sind mit der Methode, werden Sie auch deren Einfachheit wahrnehmen und wertschätzen.

Nach der SUD-Einschätzung gibt es eine weitere vorbereitende Handlung, mit der Sie die Grundhaltung für das ganze Heilritual festlegen. Legen Sie dazu zwei Finger der dominanten Hand auf den Punkt am Brustbein in Höhe des Herzens (»Ich-Punkt«), und sagen Sie zu sich selbst: »Auch wenn ich Angst davor habe, eine Rede zu halten, liebe und akzeptiere ich mich selbst so wie ich bin.« Und bemühen Sie sich, das auch ernst zu meinen, so gut es eben geht, und am besten mit dem Gefühl von Selbstliebe zu begleiten, wie Sie es weiter oben gelernt und geübt haben.

Dann geht es los mit der Meridian-Atmung:
Der erste Schritt beginnt damit, dieses unangenehme Gefühl möglichst intensiv zu reproduzieren, während Sie mit der Kuppe eines Fingers einen mäßigen aber spürbaren Druck auf den ersten Punkt ausüben, wobei es gleichgültig ist, auf welcher Körperseite

Sie das tun. Für das Hervorrufen der Emotion (in unserem Beispiel der Angst), und der Körperwahrnehmung (im Beispiel die Enge im Hals) sind alle Mittel erlaubt: Die Erinnerung an eine Situation, in der Sie das erlebt haben, die Vorstellung, Einbildung, subtile Veränderung der Körperspannung oder –haltung, schiere Willenskraft oder was Ihnen sonst dazu einfällt. Während Sie das Gefühl reproduzieren und intensivieren, atmen Sie tief und gleichmäßig, bis Sie meinen, die momentan höchste mögliche Intensität erreicht zu haben. Üblicherweise wird das nach 3 bis 10 Atemzügen erreicht. An diesem Punkt atmen Sie besonders tief ein und wenn möglich steigern Sie dabei das Gefühl noch ein wenig bis Ihre Lungen ganz gefüllt sind. Sie hatten dabei die ganze Zeit eine Fingerkuppe am ersten Meridianpunkt im Winkel zwischen der Augenbraue und der Nasenwurzel, und halten den Druck auch noch weiter aufrecht, während Sie – eventuell mit einem Seufzer – voll ausatmen, und bei der Ausatmung innerlich alles loslassen, alle Gedanken, Gefühle und Körperwahrnehmungen, einfach alles loslassen und in die Selbstliebe gehen. Am Ende der Ausatmung nehmen Sie den Finger vom ersten Punkt, und entspannen Sie sich für einen oder zwei Atemzüge in der Selbstliebe.

Im nächsten Schritt legen Sie den Finger auf den zweiten Punkt, der neben dem äußeren Augenwinkel liegt, üben mäßigen Druck aus, und reproduzieren wieder genau das gleiche Gefühl, während Sie tief atmen. Machen Sie das bis Sie meinen, die momentan höchste mögliche Intensität erreicht zu haben. An dem Punkt atmen Sie wieder ganz tief ein, während Sie gleichzeitig noch einmal voll hinein gehen in das Gefühl, und auf die Ausatmung lassen Sie wieder alles in sich fallen. Atmen Sie aus und werden Sie dabei ganz leer, auch wenn es nur für einen Moment sein sollte. Am Ende der Ausatmung nehmen Sie den Finger von dem Punkt und erholen Sie sich in der Selbstliebe.

In dieser Weise gehen Sie alle sieben Punkte durch, wobei Sie bei den Punkten an den Schlüsselbeinen und unter den Armen auch zwei Finger zum Drücken nehmen können. Damit haben Sie »eine Runde« dieser Meridian-Technik absolviert. Ehe Sie eine weitere Runde durchführen, bewerten Sie den aktuellen subjektiven Belastungsgrad, notieren ihn, und versichern Sie sich selbst noch einmal, dass dieses Problem Ihre Selbstliebe nicht schmälert. Legen Sie dazu wieder zwei Finger Ihrer dominanten Hand auf das Brustbein über dem Herzen und wiederholen Sie den Spruch von oben mit möglichst viel Gefühl.

Wenn Sie die Übung gewissenhaft durchführen, werden Sie früher oder später feststellen, dass Sie Schwierigkeiten haben, das anfängliche Gefühl wieder herzustellen. Zuerst werden Sie es nicht mehr schaffen, es in der gleichen Intensität zu reproduzieren, und dann kann es sein, dass Sie manche Komponenten gar nicht mehr hinbekommen. Das ist ein gutes Zeichen. Es ist jedoch wichtig, keinesfalls auf ein anderes, ähnliches Gefühl auszuweichen, sondern so gut es eben geht genau das gleiche Gefühl zu erzeugen. Wenn Sie es nur mehr fragmentarisch hinbekommen ist das in Ordnung, andere (Teil-) Qualitäten sollte es jedoch nicht bekommen.

Fahren Sie fort mit der Übung, bis Sie das Gefühl beim besten Willen nicht mehr aufbauen können. Wie lange es dauert um dies zu erreichen ist sehr unterschiedlich. Das kann schon beim dritten oder vierten Meridianpunkt in der ersten Runde der Fall sein, oder in der 24-ten Runde. Wie lange es dauert hängt davon ab, wie konzentriert und intensiv das Beatmen durchgeführt wird, wie erfolgreich das Loslassen praktiziert wird, wie gut das mit der Selbstliebe funktioniert, natürlich auch sehr stark von der anfänglichen Intensität und Komplexität des Gefühls, wie lange das Problem schon bestand und von verschiedenen anderen Faktoren.

Egal wie lange Sie brauchen, bis Sie das ursprünglich gewählte Gefühl nicht mehr entstehen lassen können, wechseln Sie an diesem Punkt vom Drücken und Beatmen zum Beklopfen der Meridianpunkte. Klopfen Sie mit weicher Fingerkuppe rhythmisch einen Meridianpunkt nach dem anderen. Klopfen Sie pro Punkt ca. 10 mal mit einer Stärke, die das Eigengewicht des Fingers nicht oder kaum übersteigt. Immer wenn Sie zum nächsten Punkt wechseln, erinnern Sie sich selbst an den Grund dieser Übung, indem Sie sich die anfänglich notierte Bezeichnung des Problems vorsagen, in unserem Beispiel »meine Angst vor öffentlichem Reden«. Und während der ganzen Zeit des Klopfens geben Sie sich Selbstliebe, so gut es eben geht parallel zur mechanischen Selbstbehandlung und während Sie sich immer wieder das ursprüngliche Problem vorsagen. Vollziehen Sie diese Klopfanwendung ca. 10 Minuten lang – je nach dem Tempo des Klopfrhythmus wird das zwischen 10 und 40 Runden dauern. SUD-Evaluierungen und ›Ich-Punkt‹-Affirmationen zwischen den einzelnen Runden können Sie dabei weglassen. Es kann sein, dass Sie vor Ende der 10 Minuten in einen ausgeprägten Zustand von Ruhe, Frieden, Leere und Erleichterung eintreten. In diesem Fall können Sie das Klopfen einstellen, verbleiben Sie jedoch einige Minuten in der Selbstliebe und dieser friedlichen Leere.

Am Ende dieser zehn Minuten sollte eine Bewertung des gegenwärtigen Belastungsgrades Null ergeben. Bei komplexen Situationen kann es sein, dass nur ein einzelner Aspekt des Problems ohne Spannung ist, andere Aspekte jedoch noch unverändert. In diesem Fall sollte die Übung mit den anderen Aspekten ebenfalls durchgeführt werden, ehe Sie zum abschließenden Punkt übergehen: testen Sie das Ergebnis in der Praxis. Im vorliegenden Beispiel könnte das heißen: organisieren Sie einen kleinen Vortrag, zu dem Sie beispielsweise Kunden und Interessenten einladen, und sprechen Sie über einen besonders interessanten oder erklärungsbedürftigen Teil Ihrer beruflichen Tätigkeit. Und um dem Vergessen vorzubeugen empfehlen wir Ihnen, einige Tage lang Ihre Gedanken und inneren Reaktionen rund um diese Thematik tagebuchartig zu notieren.

Selbstbehandlung zur Auflösung beschränkender Handlungsmuster und Selbstbilder

»Ich bin schlampig«, »Ich merke mir keine Namen«, »Ich schiebe Dinge auf«, »Technik liegt mir nicht« oder sogar »in finanziellen Dingen bin ich ungeschickt« – all das sind Beispiele für Selbstbilder oder auch Handlungsmuster, die Ihnen bei der Umsetzung Ihres Marketingplans in die Quere kommen können.

Noch schwerer zu fassende Hindernisse zur erfolgreichen Umsetzung Ihrer Geschäftsidee machen sich nur durch ihre Ergebnisse bemerkbar. In der Retrospektive können Sie – oder ein Coach – vielleicht bestimmte Handlungsmuster erkennen, die in den jeweiligen Situationen logisch und naheliegend sein mögen, mit denen Sie sich jedoch längerfristig selbst behindern. Manche davon können sehr schwer zu fassen sein, oder auch ein Familienmuster darstellen. Diese Muster, die zu anderen Zeiten in anderen Situationen sinnvolle Strategien gewesen sein mögen, können mit den modernen, praxisbezogenen Therapiemethoden aufgelöst werden. Die unserer Erfahrung nach effizienteste davon stellen wir Ihnen weiter unten vor. Es handelt sich um eine Kombination von Techniken der amerikanischen Akupunkteurin Elisabeth Tapasvini Fleming und des Psychologen Zivorad Slavinski.

Alle Inhalte des inneren Erlebens können, speziell für diese Übungen, in folgende Aspekte gegliedert werden:

• Emotionen
• Gedanken (und akustische Erinnerungen oder Eindrücke)
• Körperwahrnehmungen (inklusive Geruchs- und Geschmackserinnerungen)
• Innere Bilder und bildhaften Erinnerungen

Die darauf aufbauenden Techniken können auch im Alleingang zur Selbstbehandlung verwendet werden. Sie erfordern geschulte Aufmerksamkeit und eine gewisse Disziplin und Konsequenz des Denkens und der Beobachtung bzw. Selbstbeobachtung. Leichter geht es jedoch, wenn diese Übungen gemeinsam mit einem Partner bzw. einer Partnerin durchgeführt werden. Die Begleitperson stellt dabei die (vorgegebenen) Fragen, und achtet darauf, dass keine Aspekte vergessen und alle wichtigen Details beachtet werden.

1. TAT – TAPASVINIS AKUPRESSUR TECHNIK

Die erste dieser Anwendungen, die wir Ihnen vorstellen wollen, kombiniert Elemente der Meridiantechniken mit den 4 Aspekten des inneren Erlebens. Es handelt sich dabei um eine Variation von TAT[10]. Diese Technik wurde ursprünglich zur Heilung von Allergien entwickelt – wofür sie auch nach wie vor viel verwendet wird. Darüber hinaus eignet sie sich sehr gut zum Auflösen hinderlicher psychischer Prägungen. Das spezielle Einsatzgebiet von TAT liegt dort, wo der eigentliche Selbstsabotage-Mechanismus so vertraut ist, dass er direkt nicht erkennbar ist, sondern sich nur durch wiederkehrende problematische Verhaltensmuster bemerkbar macht. TAT ist oft dann das richtige Werkzeug zur Behandlung einer bestimmten Eigenschaft, wenn als Antwort auf die Frage »und seit wann kennen Sie das von sich?« die – oft geseufzte – Antwort kommt »Ach, immer schon«.

Ein Beispiel aus der Praxis wäre Klaus. Seine erste Firma – ein Vertrieb rezeptfreier Apothekenwaren – hatte er im benachbarten Ausland aufgebaut. Kaum etabliert musste er sie im Stich lassen, ja sogar das Land fast fluchtartig verlassen, weil sein Geschäftspartner durch dubiose Transaktionen mit dem Gesetz in Konflikt gekommen war. Sein Neustart in der Heimat erfolgte in einer Gesellschaft mit 3 weiteren Jungunternehmern, diesmal mit geriatrischen Hilfsmitteln. Klaus war Geschäftsführer und schaffte es bald, den nationalen Alleinvertrieb eines bedeutenden britischen Lieferanten zu erhalten. Dieser eine Geschäftspartner lieferte fast drei Viertel aller Produkte, die Klaus vertrieb. Eine Zeit lang lief alles gut, obwohl es keinen schriftlichen Vertrag mit dem Hauptlieferanten gab, und die Umsätze stiegen. Nach einiger Zeit begann der wichtige britische Geschäftspartner zuerst subtil und dann sehr direkt Druck zu machen, dass Klaus und seine Firma keine Produkte anderer Lieferanten vertreiben dürften. Es wurde behauptet, dass dies von Anfang an ausgemacht gewesen wäre (worüber eben kein schriftlicher Vertrag existierte), es wurde mit Klage gedroht und als Druckmittel wurden überfällige Provisionszahlungen eingefroren. Klaus fand diese Abhängigkeit von einem so wandelbaren Partner bedrohlich, richtete

---

10   im Original »Tapa's Acupressure Technique«, entwickelt von der amerikanischen Heilpraktikerin Tapasvini Fleming; ein kostenloses Handbuch ist auch auf Deutsch erhältlich auf http://www.tatlife.net/

sich auf einen Rechtsstreit ein und begann, sich intensiv nach Lieferanten umzusehen, um die bevorstehende Umsatzeinbuße abzufangen. Mitten in dieser schwierigen Phase trat plötzlich einer seiner Kompagnons via Rechtsanwalt an Klaus heran mit Klagsdrohung wegen unverständlicher aber bedrohlich hoher Forderungen. Nachdem die akute Situation mit dem großen Lieferanten glimpflich bereinigt war, und die Angelegenheit mit dem Teilhaber ihren gerichtlichen Lauf nahm (der noch Jahre dauern wird), kam Klaus zu der Erkenntnis, dass die unglückliche Wahl der Geschäftspartner einerseits unleugbar etwas mit ihm selbst zu tun hatte, andererseits war ihm völlig unklar, was er dagegen tun könnte.

Der erste Schritt besteht darin, dass Sie dem Problem einen Arbeitstitel geben – beispielsweise »Pech mit Geschäftspartnern«, und sich damit konfrontieren. Oft fühlen wir uns ja solchen Mechanismen gegenüber sehr hilflos, und denken deshalb möglichst wenig daran, um unangenehme Gefühle zu vermeiden.

Um sich der Thematik auszusetzen, ist es sehr hilfreich, wenn es ein physisches Symbol für die unglückliche Vergangenheit in diesem Lebensbereich vorhanden ist – im vorliegenden Beispiel waren das: ein Aktenköfferchen, das ursprünglich dem ersten Geschäftspartner gehört hatte, wegen dem Klaus seine erste Firma auflassen musste; Logo und Briefpapier der Firma, wo es mit einem der anderen Teilhaber zu den tiefgehenden Streitigkeiten gekommen war, sowie Rechtsanwaltsbriefe und eine Gerichtsladung dazu; und eine Gesprächsnotiz aus den Verhandlungen mit dem britischen Großlieferanten. Möglich wären beispielsweise auch Fotos von Vorfahren oder entfernteren Familienmitgliedern, die ebenfalls unter vergleichbaren Situationen litten.

Als nächstes nehmen Sie die sogenannte ›TAT-Pose‹ ein. Dazu legen Sie Daumen und Ringfinger einer Hand ganz leicht auf die beiden Meridianpunkte links und rechts der Nasenwurzel, dort wo der Nasenrücken in die Augenbrauenbögen übergeht. Die Spitze des Mittelfingers legen Sie auf den Punkt ›3. Auge‹, so dass die drei Fingerspitzen ungefähr ein gleichseitiges Dreieck bilden. Die andere Hand wird sanft auf den Hinterkopf gelegt, so dass der Daumen mit dem unteren Rand des Schädels abschließt.

Halten Sie diese Pose mit geschlossenen Augen für ca. 4 Minuten, während Sie Ihre gesamte Aufmerksamkeit auf das von Ihrer Problematik ausgelöste innere Geschehen richten. Achten Sie auf alle auftauchenden Gedanken, Emotionen, Bilder und Körperempfindungen. Lassen Sie das einfach passieren und beobachten Sie, ohne irgendwelche Inhalte aufzubauschen, zu verändern oder wegzuschieben. Nach 4 Minuten lösen Sie die Haltung und trinken Sie ein Glas Wasser.

Um den eben beschriebenen Vorgang optimal durchzuführen, kann es sehr hilfreich sein, eine unterstützende Person Ihres Vertrauens als Beisitzer zu haben. Die bloße Präsenz eines Zuhörers kann Sie am Abdriften hindern, auch wenn gar nichts gesagt wird. Darüber hinaus kann Ihr Begleiter Ihre Aufmerksamkeit auf Aspekte lenken, welche Ihnen vielleicht entgehen. Dazu hat der Beisitzer vor sich einen Zettel liegen, auf dem die 4 Aspekte stehen: »Bild«, »Emotion«, »Gedanke/Urteil« und »Körperempfindung«.

Wenn Sie mit einem Begleiter arbeiten, teilen Sie diesem stichwortartig das Auftauchen unterschiedlicher Aspekte mit, während Sie die oben beschriebene Pose halten. Klaus sagte zum Beispiel »Szene im Gerichtssaal«, »Wut«, »enges Gefühl im Hals«, »Wasser«, »Enttäuschung«, »mein Vater«, »Hilflosigkeit«, »ein Schwächegefühl im Rücken«, »Trauer«. Es geht nicht darum, dass der Beisitzer versteht oder nachvollziehen kann, was in Ihnen abläuft – dazu wären ausführliche Erklärungen oder Beschreibungen notwendig, welche dem Prozess hinderlich wären. Am besten sprechen Sie gar nicht *mit* Ihrer Begleitperson, sondern sind mit Ihrer Aufmerksamkeit ganz in sich und Ihrer Beobachtung versunken, und entlassen selbstgesprächsartige Stichworte in den Raum.

Die Begleitung fängt diese oft wirklich unzusammenhängenden Begriffe auf, trifft eine rasche Entscheidung, welcher Aspekt damit wohl gemeint sein könnte, und macht unter den Begriffen auf dem Zettel jeweils einen Zählstrich. Wenn er nach 2 oder 3 Minuten bemerkt, dass zu einem oder mehreren Aspekten noch gar nichts genannt wurde – so wie in unserem Beispiel die Gedanken fehlen – lenkt er Ihre Aufmerksamkeit darauf, indem er etwas sagt wie »was denkst du dabei?« oder »welche Gedanken oder Urteile tauchen auf?«.

Oft sind die übersehenen Aspekte Dinge, welche die Menschen ein Leben lang begleiten und die deshalb nicht mehr bewusst wahrgenommen werden. Im genannten Beispiel kam dann noch »Ich bin ihm egal«, und etwas später »Ich bin unwichtig«.

Diese Eindrücke während des Haltens der TAT-Pose können sehr intensiv erlebt werden, oder so subtil, dass Sie die ganzen vier Minuten nichts sagen, weil alles in der »ich-weiß-nicht-ob-ich-mir-das-nicht-alles-nur-einbilde«-Qualität abläuft. Das ist nicht ausschlaggebend. Wichtig ist – nach der erwähnten Einstimmung mit Symbolen und Erinnerungen – das Halten der TAT-Pose, die Aufmerksamkeit auf dem inneren Geschehen, und das nicht eingreifende Beobachten. Besonders günstig ist es, wenn alle vier Aspekte ins Bewusstsein gebracht werden, aber besondere Anstrengungen dafür sind eher hinderlich. Auch wenn Ihnen gar nicht so klar ist, ob und was denn eigentlich in den 4 Minuten passiert ist, die Techniken werden in den meisten Fällen trotzdem Ergebnisse bringen.

Eine ausführlichere Prozedur – allerdings ohne die Betonung der vier Aspekte – findet sich in einer kostenlosen Broschüre auch auf Deutsch im Internet unter http://www.tatlife.com.

Die Beobachtung der Ergebnisse im Businessbereich kann schwierig sein. In manchen Fällen ist es leicht, man fühlt sich gleich irgendwie anders, und bemerkt bereits in den nächsten Tagen an sich eine Verhaltensänderung. Es hat sich spürbar etwas zurecht gerückt. In anderen Fällen wird erst Jahre später erkennbar sein, ob sich wirklich etwas verändert hat – so wie auch bei Klaus in unserem Beispiel der Geschäftspartnerwahl.

2. ›DP3‹ – Persönlichkeitsgestaltung nach Zivorad Slavinski

Bei der zweiten Anwendung geht es um die Neutralisierung und Entkräftung von bekannten, suboptimalen Verhaltensmustern, die keine auffälligen Emotionen enthalten. Beispiele dafür wären eine chronische Schwierigkeit mit Pünktlichkeit, eine Inkonsequenz mit Projekten, Nachlässigkeit oder eine hinderliche Überbetonung von Details.

Zur Bearbeitung des Verhaltens finden Sie zuerst eine konkrete Situation Ihrer Erinnerung, in der Sie den unerwünschten Aspekt besonders deutlich erkennen können. Innerhalb dieser Situation suchen Sie sich einen konkreten Moment, quasi ein Standbild aus dem Film Ihrer Erinnerung, mit dem Sie arbeiten werden, stellvertretend für das Verhaltensmuster.

Dann definieren Sie das erwünschte Gegenteil für Ihr Muster. Im Falle der mangelnden Pünktlichkeit wäre das vielleicht »Ich bin pünktlich und verlässlich«. Finden Sie auch dazu ein konkretes Ereignis Ihrer Erinnerung, in dem entweder Sie selbst oder eine andere Person diese gewünschte Eigenschaft gut verkörpert haben. Innerhalb dieser Situation entscheiden Sie sich wieder für einen exakten Moment, den Sie stellvertretend für das Verhaltensmuster auswählen.

Die folgende Übung kann allein durchgeführt werden. Für Anfänger empfiehlt sich jedoch auch hier eine Begleitperson. In jedem Fall benötigen Sie ein Arbeitsblatt, auf dem einerseits wieder die 4 Aspekte des inneren Erlebens stehen (Emotionen, innere Bilder, Gedanken/Urteile, Körperempfindungen), und andererseits die beiden gegensätzlichen Verhaltensmöglichkeiten. Ein Muster für ein solches Arbeitsblatt finden Sie am Ende dieses Buches sowie auf der Webseite des Festland Verlags[11] zum Ausdrucken.

Beginnen Sie mit dem problematischeren Teil der Polarität. Schließen Sie die Augen und fokussieren Sie sich auf den konkreten Moment der konkreten Situation, welche Sie als Repräsentation des

---

[11] www.festland-verlag.com/em

Verhaltensmusters gewählt haben. Wichtig ist dabei, dass Sie die Situation Ihrer Erinnerung aus dem originalen Blickpunkt erleben, d. h. also dass Sie sich nicht selbst von außen sehen, sondern in der Vergangenheit durch die Augen des eigenen Körpers auf die gewählte Szene schauen.

Sobald Ihnen das einigermaßen gelungen ist, richten Sie Ihre Aufmerksamkeit nacheinander auf alle VIER ASPEKTE IHRES ERLEBENS. Wenn Sie einen Beisitzer haben, beschreiben Sie mit wenigen Worten Ihre EMOTIONEN, Ihre OPTISCHE WAHRNEHMUNG (das Bild), Ihre GEDANKEN oder URTEILE sowie Ihre KÖRPEREMPFINDUNGEN. Es ist dabei nicht wichtig, dass Sie sicher sind oder verlässlich ›wissen‹, dass das ›wirklich‹ der Gedanke war, der Ihnen damals durch den Kopf ging. Wenn Sie Ihre fragende Aufmerksamkeit darauf richten, was Ihnen damals durch den Sinn gegangen wäre, und es taucht irgendetwas auf, dann sagen Sie das laut Ihrem Zuhörer, der die entsprechenden Punkte auf dem Arbeitsblatt abhakt. Wenn Sie alleine sind, machen Sie die Häkchen selbst und achten darauf, dass Sie sich alle vier Aspekte bewusst gemacht haben. Nehmen Sie das erste was auftaucht in den jeweiligen Kategorien, und gehen Sie weiter zum nächsten Aspekt.

Der Beisitzer kann Sie dabei gut unterstützen, indem er nachfragt und so Ihre Aufmerksamkeit auf die Aspekte lenkt. Die Reihenfolge ist dabei unwichtig, wenn Sie jedoch ohne Unterstützung arbeiten, wird eine gleich bleibende Reihenfolge hilfreich sein, um nichts auszulassen.

Wurden alle vier Aspekte genannt, gibt Ihnen der Beisitzer (oder Sie sich selbst) die Anweisung: »Sehr gut, danke. Lass jetzt diese Situation hinter dir, schließe dieses Kapitel wie wenn man eine Tür zumacht. Richte stattdessen deine Aufmerksamkeit auf die Szene, welche... (zum Beispiel ›Pünktlichkeit und Verlässlichkeit‹) repräsentiert,« und Sie tun genau das. Lassen Sie Ihre Augen geschlossen und rufen Sie die andere konkrete Szene zu genau dem gewählten Moment ins Bewusstsein. Fokussieren Sie sich, bis die Szene einigermaßen präsent ist, und beschreiben Sie wieder mit wenigen Worten Ihre Emotionen, optischen Wahrnehmungen, Ihre Gedanken bzw. Urteile und Ihre Körperempfindungen.

Haben Sie alle vier Aspekte durch, kommt wieder das Sprüchlein: »Sehr gut, danke. Lass jetzt diese Situation hinter dir, schließe dieses Kapitel wie wenn man eine Tür zumacht. Richte stattdessen deine Aufmerksamkeit auf die Szene, welche… (zum Beispiel ›Unpünktlichkeit‹) repräsentiert,« allerdings diesmal und bei allen zukünftigen Wechseln mit dem Zusatz »und achte darauf, dass du in den exakt gleichen Moment gehst, keine Sekunde früher und keine Sekunde später«.

Und dieser Aspekt ist in der Tat wichtig. Sie arbeiten mit einem Standbild, nicht mit einem Film. Genau der gleiche Moment, das ist ausschlaggebend. Manchen Menschen fällt das leicht, und bei manchen haben die Erinnerungen soviel Eigenleben, dass es eine gehörige Portion Disziplin verlangt, den Film nicht weiter und weiter zu drehen. Wenn Sie diesmal in der Situation sind, werden Ihnen wahrscheinlich andere Emotionen, Gedanken usw. auffallen. Die Unterschiede können geringfügig oder drastisch sein, gelegentlich auch den Beobachtungen vom vorigen Mal widersprechen. Das macht gar nichts, nehmen Sie es wie es auftaucht, kommunizieren Sie und gehen Sie weiter. Sind Sie die vier Aspekte durch, schließen Sie wieder ab mit der Szene, wenden Sie sich ab und wechseln Sie in die gegenteilige Repräsentation, auch dort natürlich in den sekundengenau gleichen Moment.

Nachdem Sie einige Male hin und her gegangen sind, wird die Erinnerung blass oder bruchstückhaft werden. Es ist, also ob eine Tafel gelöscht würde, zum einen oder anderen Aspekt wird nichts mehr auftauchen, die bildhafte Erinnerung kann tatsächlich immer durchsichtiger werden oder auch weiße Flecken bekommen. Genau dann wird die Versuchung besonders groß, in einen anderen Moment der gleichen Situation zu gehen, weil dort ist noch alles da, Bild, Emotion, da ist es bunt und lebendig – doch widerstehen Sie der Versuchung. Gehen Sie immer wieder in die genau gleichen Momente der beiden Situationen (ein wachsamer Beisitzer kann da sehr hilfreich sein), bis zuerst die eine und schlussendlich dann beide Schlüsselmomente Ihrer gewählten Szenen völlig leer, blank, ruhig, emotionslos sind. Wenn nur eine der Situationen leer ist und die andere noch etwas hergibt, gehen Sie trotzdem weiter hin und her, auch wenn Sie bei der einen nur sagen »Ruhe, alles weiß und leer, ich spüre nichts, gedankenleer«. Sobald Sie mit beiden Szenen an diesem meditativen Punkt angelangt sind, sind Sie fertig. Öffnen Sie die Augen und schauen Sie, wie es Ihnen mit dem ursprünglichen Problem geht, ob Sie einen inneren Stellungswechsel in diesem Zusammenhang feststellen können. Beobachten Sie sich in den nächsten Tagen, machen Sie sich Notizen über alle Veränderungen.

Anwendungsbeispiele und Abwandlungen dieser Techniken finden Sie an einigen passenden Stellen im Rest des Buches. Das Allerwichtigste dabei ist es, diese Tipps nicht nur zu lesen, sondern sich tatsächlich die Zeit zu nehmen und sie anzuwenden. Ein Problem all dieser Techniken kann ihre hohe Effektivität sein. Wenn Sie vorher Ihr Problem – inklusive Bewertung des gegenwärtigen Belastungsgrades – und nachher Ihre veränderten Beobachtungen nicht gut dokumentieren, kann es leicht sein, dass Sie zwei Wochen später völlig vergessen haben, dass Sie da jemals Schwierigkeiten hatten. Das schaut zwar gut aus auf den ersten Blick, hat aber den Nachteil, dass die Techniken dadurch wenig geschätzt und nicht kontinuierlich angewendet werden. Das kränkt die Technik zwar nicht, verschließt Ihnen aber eine Möglichkeit positiver Veränderung. Achten Sie deshalb bitte auf gute Dokumentation!

TEIL 2 – ETHISCHES 26-STÄRKEN-MARKETING

Dieser Teil des Buches handelt von Ethik im Marketing, von einer nachhaltigen und sensiblen Marketingstrategie, die sich durch Aufgeschlossenheit, Gemeinschaftsgeist und den offenen Umgang mit Informationen auszeichnet.

Unternehmer können Geschäfte offen und ehrlich führen und gleichzeitig von ihnen leben. Ethische Prinzipien im Geschäftsleben werden oft mit geschmälertem finanziellen Gewinn gleichgesetzt, und erfolgreiche Unternehmen werden als mysteriöse, unsensible Organisationen gesehen, deren einziger Sinn und Zweck im Profitmachen besteht. Und in der Tat wenden die meisten Unternehmen bei der Preispolitik und Werbung Strategien an, die den Kunden täuschen. Die in diesem Kapitel vorgestellten Ideen zu ethischem Marketing verstehen sich als Anregungen, die eigenes Denken und Entwickeln von persönlich angepassten Konzepten zur Folge haben sollen.

Wie bereits der Titel dieses Kapitels nahe legt, kommt folgenden Überlegungen zentraler Stellenwert zu: Erfolgreich ist man dann, wenn man tut, was man gern tut. Und man tut gern, was man gut kann, worin man eine Stärke hat. Daher wird man sich nach diesen persönlichen Stärken umsehen und tunlichst auf diesen Eigenschaften sein persönliches Marketingkonzept aufbauen. Marketing wird im Folgenden sowohl im Hinblick auf Produkt-, Dienstleistungs- als auch Selbstmarketing gemeint sein.

Kleinunternehmer zu sein ist für viele HSP eine direkte Folge ihrer besonderen Veranlagung. Denn als Selbstständige können sie leichter auf das Ausmaß der täglichen Stimulation Einfluss nehmen. Das Arbeitspensum und die Kontaktpersonen weitgehend selbst wählen zu können bedeutet einen immensen Vorteil für hochsensible Menschen. Auch bringen sie etliche Eigenschaften mit, die Unternehmer haben müssen. Man sehe sich die Liste der Stärken im Inhaltsverzeichnis an und wird dies bestätigt finden.

Aus mehreren Gründen eignet sich für hochempfindliche Selbstständige die Praxis des Marketings ohne Anzeigenwerbung. Einige der besten Argumente für dieses Konzept finden Sie in »Marketing without Advertising« von Michael Phillips and Salli Rasberry (Berkeley, Nolo, 5. Auflage im Mai 2005). Mit diesem Vorgehen lässt sich ein langsames, dafür aber solides Geschäftswachstum herbeiführen, das vor allem auf die Gewinnung von Stammkunden und auf den Empfehlungen bereits bestehender Kunden beruht. Dabei werden keine bezahlten Anzeigen geschaltet, sondern es wird vor allem auf die Qualität des Produktes oder der Dienstleistung geachtet, auf den beim Kunden hervorgerufenen Gesamteindruck und speziell auf die Gefühle von Sicherheit und Zufriedenheit. Jede in diese Bereiche investierte Überlegung oder Maßnahme bringt langfristig Umsatzgewinne. Auf dieser Basis führen angemessen formulierte Bitten um Weiterempfehlungen zu einem langsamen Zuwachs an motivierten Kunden.

Durch erfolgreiche Anzeigenwerbung hervorgerufene Umsätze mit Strohfeuercharakter führen zu Arbeitsspitzen, auf welche die Firma personell oder logistisch ebenso wenig vorbereitet sein mag wie die HSP nervlich. Durch die dadurch erforderlich werdende Hast kann die Gründlichkeit, welche dem hochsensiblen Unternehmer wahrscheinlich ein inneres Anliegen ist, nicht aufrecht erhalten werden. Dies kann leicht zu Nachlässigkeitsfehlern führen, die verhindern können, dass sich aus der kurzen Umsatzsteigerung dauerhafte Geschäftsbeziehungen entwickeln. Indem die solcherart frustrierten Einmalkunden ihre schlechten Erfahrungen im Bekanntenkreis weitergeben (Negativ-Empfehlungen), können solche Anzeigenkampagnen für Kleinbetriebe sogar ausgesprochen kontraproduktiv werden.

Da HSP das Bedürfnis haben, voll und ganz hinter dem zu stehen, was sie tun, ist es gerade für sie besonders wichtig, dass sie sich im Bereich ihrer wirklichen Berufung bewegen. Um dort hinzugelangen, ist natürlich vorausgesetzt, dass man ergründet hat, worin diese Berufung besteht. Wer es noch nicht weiß, wird sich daher so lange fragen müssen, wenn nötig immer wieder, was er gut kann, was ihm Freude macht, bis er die Lösung gefunden hat. Weitere Fragen werden sein: Welche menschlichen Ressourcen/Stärken bringe ich mit? In welcher meiner Stärken kann ich mich noch weiterentwickeln?

Wo sind die Stärken meines Produkts? Was kann ich besser als meine Mitbewerber, weil ich hochsensibel bin? Die in diesem Kapitel vorgestellten Stärken sind auch innerhalb der Gruppe der hochsensiblen Menschen unterschiedlich stark ausgeprägt. Daher wird man sich nach Hauptstärken fragen, auf denen man aufbauen kann und sich dementsprechend die passenden Tipps wählen. Eine finanziell großzügig eingestellte und extravertierte hochsensible Persönlichkeit wird mit Freuden eine riesige Party für ihre Geschäftskontakte und Freunde organisieren, ein ebensolcher Introvertierter lieber eine Spende überweisen.

Wie bereits erwähnt ist nicht jede Stärke bei allen HSP gleich ausgeprägt, denn die Vielfältigkeit in der Landschaft der Eigenschaften und Fähigkeiten hochsensibler Personen ist groß. Die Vorgeschichte und vor allem auch die Kindheit, aber auch das gegenwärtige Umfeld und selbstverständlich die unterschiedliche genetische Ausstattung der Person spielen für seine heutigen Eigenschaften eine Rolle. Das einzige gemeinsame Merkmal der HSP ist die schwächere Filterung sämtlicher Reize und die dadurch bedingte Aufnahme erhöhter Datenmengen.

Was daher für den einen gut ist, was er kann und noch besser können will und lernen kann, muss einem anderen gar nicht liegen. Daher empfehlen wir Ihnen, das, worauf Sie sich primär festlegen wollen, sorgfältig auszuwählen. Als hochsensible Person verfügen Sie über eine Reihe von Fähigkeiten, die Sie für erfolgreiches Marketing gut gebrauchen können. Diese Stärken können Sie noch weiter vertiefen. Wenn Sie dennoch das Gefühl haben, es allein nicht zu schaffen, weil Sie zum Beispiel zwar die Herstellung Ihres Produkts über alles lieben, sich aber auf keinen Fall mit Kunden über dessen Vorteile und Anwendung unterhalten wollen, sollten Sie sich mit einer Person zusammenschließen, die dieses wiederum sehr gerne tut.

Worauf wir unsere Aufmerksamkeit lenken, das wird wachsen. Vielleicht gibt es Stärken, die Sie schon seit Jahren vernachlässigt haben. Vielleicht denken Sie dazu an jemanden, der die jeweilige Stärke bereits in jenem Ausmaß lebt, das Sie auch gerne hätten, und beschreiben ihn. In einem zweiten Schritt versuchen Sie, ihn zu imitieren. Die vielfältigen Power-Techniken aktivieren vorhandene Stärken, machen diese bewusst und sichtbar und vertiefen sie dann schrittweise mit jeder Wiederholung der Übung.

Sammeln Sie alle wichtigen Stärken, die Sie und Ihr Unternehmen auszeichnen. Beachten Sie dabei, dass diese Stärken-Sammlung von innen kommt, dass Sie Ihr Selbst mit einbringen, Ihre persönlichen Stärken, die Sie fühlen und ahnen. Am besten tun Sie das in einem Brainstorming und bemühen sich, mindestens zwanzig Stärken zu finden. Im nächsten Schritt bewerten Sie die gefundenen Stärken und suchen die zehn für Sie Wichtigsten heraus. Nun vergleichen Sie Ihre gefundenen Stärken mit dem Inhaltsverzeichnis von Kapitel V und wählen Ihre passenden Stärken aus.

Die Liste der sechsundzwanzig hier vorgestellten Stärken erhebt keinen Anspruch auf Vollständigkeit. Sie ist entstanden aus dem Studium der Literatur, die von hochsensiblen Menschen über und für diese geschrieben wurde, und ist die Folge von Gesprächen mit hochsensiblen Menschen, Erlebnissen und Beobachtungen sowie der Auswertung von Fragebögen. Die kursiv gedruckten »Denkwörter« zur jeweiligen Stärke oder Tugend können weitere Assoziationen hervorrufen. Arbeitsblätter unterstützen Sie bei Ihren Marketingtätigkeiten, sie befinden sich am Ende des jeweiligen Abschnitts. Die Power-Technik-Tipps sind als die wesentliche spirituelle und psychologische Grundlage dieses Abschnitts zu verstehen. Vorhandene Stärken lassen sich anfachen, intensivieren und ausweiten mit den Methoden der im vorigen Kapitel beschriebenen Power-Techniken. Da jeder Mensch ein Unikat ist, ist dringend angeraten, alle Tipps auf die Tauglichkeit für die eigene Person selbst zu überprüfen. Dies kann niemandem abgenommen werden.

Zur realistischen Einschätzung der eigenen Stärken benötigen wir bereits eine solche: Die Aufrichtigkeit. Im Speziellen die Ehrlichkeit uns selbst gegenüber. Sie steht daher auch allen anderen Stärken voran.

1. Stärke:
Aufrichtigkeit

Ehrlichkeit, Geradlinigkeit, Lauterkeit, Offenheit,
Offenherzigkeit, Zuverlässigkeit, Ehrenhaftigkeit,
Einfachheit, Freimütigkeit, Glaubwürdigkeit, Redlich-
keit, Schlichtheit, Wahrhaftigkeit, Wahrheitsliebe

Aufrichtigkeit ist die verwegenste Form der Tapferkeit.
William Somerset Maugham

Was verstehen Sie unter Aufrichtigkeit? Das wird Ihnen klar, wenn Sie an diejenigen Ihrer Mitmenschen denken, die ehrlich zu Ihnen sind, und sie mit denen vergleichen, die es nicht sind. Der Unterschied besteht in der Abwesenheit von Betrug oder Täuschung bei den Ehrlichen. Wenn Sie dann an sich selbst denken, so gibt es auch hier verschiedene Möglichkeiten. Sie können bewusst oder unbewusst sich selbst und andere täuschen.

Bevor wir von anderen Ehrlichkeit verlangen, müssen wir zuerst einmal versuchen, zu erkennen, wer wir selbst sind. Wir alle haben unsere Methoden, unerfreulichen und unangenehmen Wahrheiten über uns aus dem Weg zu gehen. Oft ist uns nicht wirklich klar, was wir essen, wie viel Alkohol wir konsumieren, wie wir in Beziehungen zu Lebenspartnern agieren. Wir betrachten unsere eigene Handlungsweise gern durch eine rosa Brille. Wenn wir uns der Wahrheit stellen wollen, müssen wir verlässliche Daten über uns sammeln, indem wir uns selbst zum Forschungsobjekt machen. Wir müssen uns selbst unter die Lupe nehmen und genau hinsehen.

Was ist so tragisch daran, wenn ich wöchentlich ein paar Zigaretten rauche und am Ende eines anstrengenden Arbeitstages ein oder zwei Gläser Bier trinke. Bei genauerer Betrachtung handelt es sich plötzlich um fünf bis zehn Zigaretten täglich und in Wirklichkeit sind es zwei bis drei Flaschen Bier pro Abend, öfters auch vier. Was macht es schon, dass ich ein wenig Übergewicht habe. Dass dieses jährlich um zwei Kilo wächst, ist ein unangenehmes Faktum und wird daher verdrängt.

Wenn Sie versuchen, sich selbst einzugestehen, wie Sie sind, wird es Ihnen auch gegenüber anderen leichter fallen. Fragen Sie sich, wie Sie sind. Wenn Sie ein hochsensibler Mensch sind, wird eine Ihrer Antworten wahrscheinlich lauten, dass Sie verletzlich sind. Geben Sie die Verletzlichkeit vor sich selbst aufrichtig zu. Fragen Sie sich regelmäßig, was echt ist, was nur Fassade, was Ihnen wichtig ist, was Sie wirklich gut können, und wo Sie nur so tun als ob. Das kann sehr befreiend sein einerseits, und andererseits ist es wichtig für das Ziel, erfolgreich zu sein. Wirklich erfolgreich sind wir am wahrscheinlichsten dann, wenn wir das tun, was wir lieben. Denn wenn man liebt, was man tut, dann macht man es auch gut. Das ist keineswegs neu aber dennoch wert, es sich immer wieder ins Gedächtnis zu rufen.

Idealerweise verdient man mit dieser Tätigkeit, mit seiner Berufung, seinen Lebensunterhalt. Idealerweise liefert man damit etwas Besonderes in der Welt ab und muss währenddessen nicht verhungern. Idealerweise ist man nicht nur erfolgreich, sondern auch glücklich, seine Arbeit jeden Tag tun zu dürfen. Um damit glücklich zu sein, sollte man nicht nur etwas tun, das man gerne macht, sondern man sollte es auch bewundern können. Sodass man selbst am Ende sagen kann: Das ist wirklich gut, was ich hier gemacht habe.

Für viele Menschen ist es schwierig, eine Arbeit zu finden, die sie aufrichtig lieben können. Auf dem Weg dorthin gibt es verschiedene Vorgangsweisen. Eine Möglichkeit ist, prinzipiell jede Aufgabe gut zu erledigen, ob man sie mag oder nicht. Ein weiterer sinnvoller Akt ist, immer etwas zu produzieren. Wenn man Angestellter ist, in Wahrheit aber davon träumt, Künstler zu sein, sollte man immer etwas produzieren, egal wie miserabel das Ergebnis ausfällt. Solange man etwas erzeugt, kann einen der glorreiche Traum des Künst-

lerlebens nicht in die Irre führen wegen des allzu augenscheinlichen
Mangels der aktuellen Ergüsse.

Immer zu produzieren ist auch ein Weg, die Arbeit zu finden, die
man liebt. Unterwirft man sich diesem Anspruch, so zwingt einen
dies zu den Dingen, die man liebt. Durch das ständige Produzieren
entdeckt man die Arbeit, die man liebt. So sehr auch jeder denkt,
er benötige finanzielle Sicherheit, die glücklichsten Menschen sind
diejenigen, die das tun, was sie lieben. Eine Strategie, die Sicherheit
und Frieden opfert zu Gunsten des Wissens, was man will, ist auf
Dauer besser, als es im ersten Augenblick aussieht. Herauszufinden,
welche Arbeit oder Tätigkeit man liebt, ist sehr schwierig. Welchen
Weg auch immer man in seinem Leben wählt, man sollte Schwierigkeiten erwarten. Viele Menschen scheitern. Und sogar wenn man
Erfolg hat, passiert es selten vor dem vierzigsten oder fünfzigsten
Geburtstag. Doch wenn man das Ziel im Auge behält, ist es wahrscheinlicher, dort anzukommen.

Wenn Sie wissen, dass Sie bestimmte Tätigkeiten lieben könnten,
dann sind Sie auf der Zielgeraden. Und wenn Sie wissen, welche Arbeit Sie wirklich lieben, dann sind Sie am Ziel.

Jeder Mensch ist einzigartig. Keine zwei Menschen besitzen diesel-
ben Fingerabdrücke, so zeigt sich, dass wir als Menschen eine einzigartige, individuelle Persönlichkeit besitzen. Wir sind nicht nur in
der körperlichen Form und im Aussehen einzigartig, sondern auch
in unserem Wesen und unseren Fähigkeiten. Das Erkennen unserer
besonderen Fähigkeiten und die Ausrichtung unserer Aktivitäten
auf die vorhandenen Fähigkeiten führen uns zu unseren individuellen Lebensaufgaben hin. Wir sind in diesem Leben dazu da, einen
bestimmten Weg zu gehen und eine bestimmte Aufgabe für die Gesellschaft anzunehmen und auszuführen.

Es ist einfacher, mit seinen Stärken zu arbeiten, obwohl jeder
Mensch wesentlich mehr Unfähigkeiten hat. Um das aufzuzählen,
was man kann, genügen wenige Minuten, im anderen Fall ist man
in vielen Stunden noch nicht fertig.

Die Erfolgschancen eines Menschen steigen in dem Maße, in dem es ihm gelingt, seine Fähigkeiten zu entfalten sowie zu bündeln, um durch Verzettelung bedingten Kräfteverlust zu vermeiden. Jeder Mensch hat das Potenzial, sich von anderen zu differenzieren und seine Lebensaufgabe zu erfüllen zum Nutzen der Gesellschaft. Greifen Sie, wenn Sie sich einen Überblick verschaffen wollen, zu Stift und Papier und beantworten Sie diese Fragen: Was tun Sie gern? Was macht Ihnen Freude? Was ist Ihnen wichtig? Wem können Sie nützen? Was wollen Sie noch lernen?

Im Buch ›Sensibel kompetent‹ von Dr. Marianne Skarics (Festland Verlag Wien, 2007) finden Sie viele hilfreiche Anregungen, sich als hochsensible Person im Kontext des Arbeitslebens zu verstehen und herauszufinden, welcher Beruf für Sie geeignet ist.

Das Prinzip eines aufrichtigen Lebens schließt natürlich auch die Ehrlichkeit anderen gegenüber mit ein. Ziehen Sie keine Show ab. Zeigen Sie das, was Sie über sich selbst herausgefunden haben, auch anderen. Zeigen Sie Ihre Verletzlichkeit auch anderen.

Wenn wir es mit wirklich ehrlichen Mitmenschen zu tun haben, haben wir ein hohes Maß an Sicherheit, dass sie sich klar und direkt äußern und ihre Versprechen halten werden. Leute, die weniger ehrlich sind, drücken sich unklar, schwammig oder verwirrend aus. Auch wenn sie vielleicht die Absicht haben, ehrlich zu sein, muss man ihre Worte an ihren Taten messen. Es ist gut, das, was Menschen zu uns sagen, mit dem zu vergleichen, was sie tun und wie sie sich anderen gegenüber äußern und verhalten.

Es heißt, dass herausgefunden wurde, dass jeder Mensch etwa zweihundert Mal am Tag lügt. Sehr oft tut er es aber, so hat man ebenfalls herausgefunden, weil er Unhöflichkeiten vermeiden will. Dass wir nicht immer die Wahrheit sagen, weil es kurzfristig Vorteile bringt, wird sicherlich auch mehr oder weniger oft der Fall sein. Niemand kann in jeder Situation aufrichtig sein. Es kommt sehr auf die Situation und das Umfeld an. Ist man in einer Firma angestellt, so sollte man nicht immer mit der wahren Geschichte in allen Details herausrücken. Man wird die Spielregeln der anderen beachten sowie taktisch und strategisch handeln müssen. Wie man es im Einzelnen mit der Aufrichtigkeit hält, muss jeder für sich selbst entscheiden. Dennoch kann Ihr Ziel sein, den Menschen aufrichtiges Interesse entgegen zu bringen, sich für sie um ihrer Selbst willen zu interessieren. Täuschen Sie das Interesse nicht vor, um in der Karriere weiterzukommen.

Im Geschäftsleben bedeutet die Abwesenheit von Betrug und Täuschung, dass die Äußerungen und Versprechungen eines Unternehmens bezüglich der Angebote der Wahrheit entsprechen. Außerdem werden Missverständnisse oder Unklarheiten auf Seiten des Kunden prompt und sorgfältig behoben. Interessieren Sie sich für Menschen, um besser zu wissen, wie Sie jemanden unterstützen können, was Sie für ihn tun können, welche Produkte ihm helfen könnten. Beachten Sie, welches Produkt sich für den einen eignet und was hingegen jemand anderer benötigt.

Aufrichtigkeit im Geschäftsleben heißt also, Marketing ohne faule Werbeversprechen zu wählen. Marketing bedeutet, ein Unternehmen zu betreiben und es die Menschen wissen zu lassen. Jede Aktion, welche die Firma macht, ist auch eine Marketingbotschaft. Ein Unternehmensimage entsteht nicht dadurch, dass eine PR-Firma es erfindet, sondern es ist ein Spiegelbild dessen, was wir tun und wie wir es tun. Bleiben Sie daher auch aufrichtig bei Versprechen über Ihre Produkte und Dienstleistungen im Marketing, sonst schaden Sie Ihrem Image.

Werbung und Mundpropaganda

Es ist erstaunlich, wie viele kleine Unternehmen gedeihen, ohne Werbung zu betreiben. Andere Kleinunternehmer wiederum stecken viel Geld in teure Werbeaktionen, obwohl sie sich ohnehin nicht sicher sind, ob diese etwas bringen. Manchmal bedingen diese Ausgaben, dass die Qualität der Produkte oder Dienstleistungen dadurch gemindert wird, weil nicht mehr genug Geld für sie übrig ist, manchmal wiederum, dass der Lebensstandard des Unternehmers und/oder jener der Angestellten eine Einbuße erleidet. Finden Sie nicht auch, dass es viel besser wäre, das Geld statt dessen in einen Urlaub mit der Familie, in die Aufbesserung der Gehälter Ihrer Mitarbeiter und in sinnvolle Verbesserungen Ihres Produkts zu investieren?

Es lässt sich beobachten, dass Kunden, die durch traditionelle Werbung dazu gebracht wurden, in ein Einzelhandelsgeschäft zu gehen, um etwas zu kaufen, üblicherweise eher nicht wiederkommen. Jene aber, die durch persönliche Weiterempfehlungen durch Bekannte oder Freunde vom betreffenden Unternehmen gehört haben und deshalb gekommen sind, werden mit größerer Wahrscheinlichkeit zu Stammkunden werden.

Werben ist ein wenig wie eine Sucht. Man steckt viel Geld hinein und hat Angst, damit aufzuhören, weil man glaubt, dass dann der Zugang von Interessenten und Kunden ausbleibt. Natürlich gibt es die seltenen Gelegenheiten, dass eine Werbeaktion sich wirklich auszahlt. Aber genau so gut können Sie hoffen, beim Glücksspiel zu gewinnen. Heutzutage geht ein tägliches Bombardement an Werbung auf jeden nieder, sodass viele Menschen, und nicht nur Hochsensible aber besonders diese, schon total ›genervt‹ darauf reagieren. Mehr und mehr Geld wird jedes Jahr von den großen Unternehmen in Werbeaktionen investiert, um ein Stück des heiß begehrten Marktes zu ergattern. Diesem immer größer werdenden Pulk von werbenden Firmen sollten Sie nicht beitreten. Und bezweifeln Sie bitte nicht, dass ein maßgeblicher Anteil dieser Werbung unredlich ist. Schauen Sie einfach die Zeitungen durch, was da so alles angepriesen wird.

Hoffnung besteht jedoch. Es gibt sie, die Restaurants, die Ansichten ihrer Gerichte in die Auslage stellen oder die Komplettpreise, die wirklich alle Kosten beinhalten. Ja, wenn Sie wirklich schon einmal Werbung betreiben wollen, versichern Sie sich, dass Ihre Werbekampagnen sich peinlich genau von den Üblichen abheben in Stil, Inhalt, in ihrer Platzierung aber vor allem durch Aufrichtigkeit.

Wenn ein Unternehmen nur genügend Mittel investiert, kann es so bekannt wie ein Großkonzern werden. Dennoch werden aus seinen Produkten erst dann wahre Markenartikel, wenn hochqualitative Produkte produziert und gemeinsam mit soliden Garantien, Rückgaberecht und anderen Beigaben, welche die Kunden zufrieden stellen, vertrieben werden. Der sicherste und redlichste Weg, mehr zu verkaufen, ist und bleibt, ein Produkt mit mehr Qualität zu verkaufen.

Wer heute Werbemaßnahmen konzipiert, muss sich über eines im Klaren sein: Konsumenten mögen Werbung nicht. Sie stört, sie unterbricht und sie lenkt ab. Von den meisten Konsumenten wird sie bestenfalls als notwendiges Übel geduldet. Sieht etwas nach Werbung aus, bauen die Nutzer umgehend ein Abwehrschild auf und blenden die Werbung aus, wo immer es geht. Folgt man mit seinen Werbebemühungen bekannten Stereotypen, so ist es ein Leichtes für die potenziellen Kunden, diese Werbung zu übersehen und zu ignorieren. Anzeigen werden beispielsweise in fast allen Magazinen an der gleichen Stelle platziert, haben in der Regel immer die gleichen Maße und heben sich vom restlichen Inhalt der jeweiligen Publikation merklich ab. Ähnlich verhält es sich mit Fernsehspots und anderen Werbeformaten. Dies hat natürlich zum einen den Grund, dass Werbung gesetzlich als solche gekennzeichnet werden muss, zum anderen aber mangelt es an der Kreativität der Verantwortlichen.

Bislang galt es als eine Art ungeschriebenes Gesetz im klassischen Kommunikationsmix, dass viel viel hilft. Nur mit viel Geld erreicht man auf Seiten des Konsumenten ausreichend viel Aufmerksamkeit und weckt das Kaufbedürfnis zuverlässig. Längst aber bieten diese Devise und die damit einhergehenden großen Marketingbudgets keine Erfolgsgarantie mehr. Es darf bezweifelt werden, ob die Kosten, die Aufmerksamkeit des Kunden zu wecken, mittlerweile noch in einem ausgewogenen Verhältnis zum Nutzen der Werbemaßnahmen stehen. Auch wenn Werbeagenturen nur zu gerne und nimmermüde versprechen, die Botschaft über neue Produkte und die damit verbundene unbedingte Kaufnotwendigkeit an aufmerksame und interessierte Verbraucher zu tragen, spielen diese einfach nicht mit.

Der kostenintensiv umworbene potenzielle Konsument schaltet in der Werbepause einfach um oder ab. Klassische Werbung wird daher zunehmend ineffizienter.

Was aber macht der Konsument, wenn er etwas kaufen will? Er zieht seinen Freundes- und Bekanntenkreis zurate. Dies ist der Grund, warum Marketing auf persönliche Empfehlung begründet werden sollte. Mundpropaganda ist sehr effektiv und das Schöne daran ist, dass nicht das Unternehmen, sondern die Konsumenten selbst sich um die Verbreitung der Botschaft kümmern. Das ist hocheffizient, denn die erreichten Menschen haben durch die Empfehlung einer ihnen vertrauten Person von dem Produkt gehört. Sie betrachten die Botschaft nicht als überflüssig, sondern als eine wichtige Information, die ihnen ein Freund mitgeteilt hat.

Mundpropaganda, die wahrscheinlich älteste und vielleicht auch effektivste Form des Marketings, ist der stärkste Hebel der Kaufentscheidung, egal, ob es sich um Kinofilme, Spiele, Reiseziele, Elektrotechnik oder Autos handelt. Fast immer vertrauen die Konsumenten lieber Empfehlungen, Tipps und Ratschlägen von Personen, die nicht auf der Gehaltsliste der jeweiligen Unternehmen stehen. Mundpropaganda ist zum stärksten Hebel bei fast allen Konsumentscheidungen geworden.

Kann Mundpropaganda gezielt ausgelöst und zur Vermarktung von Produkten und Dienstleistungen eingesetzt werden? Die Antwort ist ein Ja. Auf persönliche Empfehlungen zu bauen, ist eine Marketingstrategie, die sinnvoll ist. Mundpropaganda durch zufriedene Kunden wird sowohl diese Kunden halten als auch neue Interessenten anziehen und zu Kunden machen. Die neuen Kunden werden das Unternehmen und dessen Produkte oder Dienstleistungen wiederum weiterempfehlen. Wenn der Unternehmer sich aufrichtig und immer wieder dafür bei denjenigen bedankt, die auf diese Weise für ihn ›arbeiten‹, so wird das auch sehr gut ankommen. Auch sollte er natürlich zuverlässig sein, um die Weiterempfehlung nicht ad absurdum zu führen. In späteren Abschnitten wird mehr zum Thema Mundpropaganda zur Sprache kommen.

Eine Werbeform, die für kleinere Unternehmen gut funktioniert, ist die Listung. Dieser Typ Werbung umfasst Eintragungen in den Gelben Seiten. Wo kann man sich registrieren lassen? Googeln Sie mit ›Online yellow pages directories‹ nach deutschsprachigen Seiten, um die für Sie passenden ›Business Directories‹ zu suchen. Einige dieser Adressen finden Sie im Anhang dieses Buches. Es ist ein großer Unterschied zwischen der Listung und der herkömmlichen Werbung. Wichtig ist es nämlich, wann und wo potenzielle Kunden auf diese Ankündigungen stoßen. Wandzettel in Wäschereien, Internetseiten und Kleinanzeigen in geeigneten Lokalblättern, angefangen von Bezirkszeitungen, Magazinen der Wirtschaftskammer bis zum Konzertprogramm sind Listung. Eine sehr einfache Art der Listung ist auch, Zettel an Laternen, Wände und Zäune zu kleben. Die Menschen einer bestimmten Region werden so zum Beispiel vom sonntäglichen Kirchen-Flohmarkt informiert. Wenn jemand eine Website hat, so ist das automatisch eine Listung. Wie Sie die Leute dabei unterstützen können, Ihre Website zu finden, wird später besprochen werden. Im Kapitel über die Stärke Präsenz werden wir noch einmal auf die Listung zurückkommen. Diese Art der Werbung betrachten wir als die Beste.

Um den Abschnitt abzuschließen, sei gesagt, dass es überzeugende Hinweise darauf gibt, dass Unternehmen, deren Geschäftsgebaren auf persönlicher Aufrichtigkeit beruht, die besten Überlebenschancen haben. Ungeachtet der weit verbreiteten Annahme, dass Aufrichtigkeit nichts bringt, erweist sie sich in der Geschäftswelt als die überlegene Tugend.

Ein schönes Beispiel dafür möchten wir Ihnen an dieser Stelle präsentieren:

Beispiel
Amyris – Lust auf Duft

www.amyris.at

Seit dem Jahr 2003 stellt Frau Margot Handler unter ihrem Label ›Amyris – Lust auf Duft‹ hochwertige und hochwirksame naturbelassene Körperpflegeprodukte und Düfte aus biologischen Zutaten her. Sorgfältigste Komposition und Zubereitung sind ihr ein besonderes Anliegen. Ursprünglich waren ihre Produkte ein Geheimtipp, der im Bekanntenkreis weitergegeben wurde. Im Jahr 2007 erreichten zwei ihrer Produkte den ersten Rang bei einem Test von ›Greenpeace‹ zum Thema Qualität und Nachhaltigkeit von Inhaltsstoffen in Kosmetika! Zunehmend mehr Menschen werden auf ihre außergewöhnlichen Produkte aufmerksam.

Dazu Frau Handler: »*Durch meine Aufgaben als zweifache Mutter habe ich mich lange Zeit mit Homöopathie, Heilkräutern und ätherischen Ölen beschäftigt. Ich war immer schon sehr neugierig und habe mich mit allem, was ich getan habe, sehr gründlich auseinandergesetzt. Weil ich schon immer gerne koche, habe ich meine eigenen Kosmetik- und Körperpflegeprodukte hergestellt, für mich und für meine Kinder. Es ist mir dabei ganz wichtig, dass die Natur erhalten bleibt, denn die Natur bietet alles, was wir brauchen. Es ist nicht nötig, dass wir die Stoffe zerlegen, bearbeiten oder extrahieren.*

Später habe ich für Freundinnen Produkte entworfen. Der Beginn meiner gewerblichen Tätigkeit war in einer Waldorfschule, dort habe ich einmal pro Woche meine Produkte verkauft und erste Stammkunden gewonnen. Wirtschaftlich war das nicht bedeutsam, jedoch zum Sammeln von Erfahrungen. Das Schwierigste war für mich das Erlangen der Gewerbeberechtigung, weil die Gesetze und Vorschriften eher für die chemische Industrie zugeschnitten sind.

Ich mache weiterhin keine Kompromisse in der Qualität der Inhaltsstoffe und bei der Sorgfalt der Zubereitung. Ich arbeite noch immer so, als würde ich die Produkte für meine Kinder herstellen.«

Auf der Website von ›Amyris‹ findet man eine Liste mit allen verwendeten Inhaltsstoffen der verschiedenen Pflegeprodukte, auch die Herstellung wird beschrieben.

Wer sein Unternehmen weiterentwickeln will, dem kann eine ehrliche Einschätzung der gegenwärtigen Situation helfen. Im ›Arbeitsblatt EINSTIEG‹ sind zweckmäßige Fragen zur Erfassung des Status quo aufgelistet.

Arbeitsblatt EINSTIEG ✓	Ja	Nein
Das Produkt ist aktuell und bestmöglich entwickelt und ausgestaltet.	☐	☐
Es gibt eine offene, sichtbare, verständliche und sehr großzügige Rücktrittspolitik, die deutlich kommuniziert wird.	☐	☐
Die Tätigkeit des Unternehmens kann präzise und verständlich beschrieben werden. Kunden, Lieferanten, Freunde und Angestellte können die Unternehmenstätigkeit leicht fassbar weitergeben.	☐	☐
Die Preispolitik des Unternehmens ist klar und vollständig.	☐	☐
Das Unternehmen legt seine Daten hinsichtlich Finanzen, Geschäftsgebaren und Örtlichkeit offen.	☐	☐
Alle Kunden können, soviel sie wollen, über das Produkt und den Service erfahren. Hierbei helfen ihnen auch Referenzen anderer Fachleute und Kunden, die auf der Website zu finden sind.	☐	☐
Das Unternehmen ist von Kunden und Interessenten leicht zu finden.	☐	☐
Es gibt eine aktuelle und komplette Liste mit allen Adressen der gegenwärtigen und früheren Kunden, Zulieferer, Freunde und allen Interessierten.	☐	☐
Es wird ein Marketingkalender geführt, in dem Events stehen, zu denen Kunden und interessierte Menschen rechtzeitig eingeladen werden.	☐	☐
Die Teilnehmer fühlen sich nach dem Event als Teil der Community.	☐	☐

Arbeitsblatt EINSTIEG	Ja	Nein
Die Größe des Unternehmens bleibt passend zu seiner Kapazität. Eine Vergrößerung des Unternehmens findet nicht auf Kosten des Kundenservice statt.	☐	☐

Nicht weit weg von Aufrichtigkeit ist die Offenheit angesiedelt; was natürlich dazu führt, dass die beiden Begriffe manchmal synonym verwendet werden.

2. Stärke:
Offenheit/Transparenz

*Ehrlichkeit, Freimütigkeit, Geradheit, Geradlinigkeit,
Lauterkeit, Offenherzigkeit, Ansprechbarkeit,
Aufnahmebereitschaft, Interessiertheit, Zugänglichkeit*

Offenheit ist die Grundlage jeglichen Vertrauens. Sie schafft Kundenvertrauen, welches wiederum eine Voraussetzung für Marketing ohne Werbekampagnen ist. Das Gebaren der finanziellen Offenheit sollte von hervorragenden Unternehmern als Standard angenommen werden. Es ist so eine simple Sache, die von den Kunden intuitiv verstanden und sofort geschätzt wird. Manche Unternehmer befürchten, dass sie zu wenig gut da stehen, um ihren Kunden Einblick in ihre finanzielle Lage gewähren zu können. Diese Sorge ist unbegründet, denn die Offenheit schafft Vertrauen unabhängig von den augenblicklichen wirtschaftlichen Verhältnissen. Es schadet auch nicht, dass die Leute wissen, dass man den jeweiligen Auftrag benötigt. Und wenn sie erkennen, wie wenig Sie an einem Geschäft verdienen, so erzählen sie höchstens ihren Freunden weiter, wie günstig sie etwas bei Ihnen bekommen haben.

Ebenso hat sich gezeigt, dass die physische Offenheit am Arbeitsplatz von den Kunden enthusiastisch unterstützt wird. Das Aussehen und die Vorgänge in Geschäftsräumlichkeiten interessieren viele Menschen aus den verschiedensten Gründen, am häufigsten sicherlich ganz einfach aus Neugierde. Küchen der Restaurants werden sehr gern besucht und es macht Spaß, bei der Reparatur des Autos zuzusehen. Der Friseur wird ja ohnehin schon immer bei seiner Arbeit im Spiegel genauestens beobachtet. Ermöglichen Sie Ihren Kunden den Einblick in Ihr Büro, falls Sie das nicht schon so handhaben.

Zusätzlich zur Vertrauensbildung hat die Offenheit den Riesenvorteil, die Effizienz im täglichen Geschäftsleben zu erhöhen. Ganz einfach deshalb, weil der Angestellte am Ort seiner täglichen Arbeit bessere Entscheidungen treffen kann, wenn er die Gesamtperspektive kennt, weil er Einblick in die ganze Firma nehmen darf. Viele Firmen verkaufen heutzutage anstelle eines greifbaren Produkts Informationen. Hier ist es ganz besonders wichtig, dem Käufer Einblick zu geben in das, was man alles tut. Es darf nicht im Dunkeln bleiben, weil man es sonst nicht glaubwürdig verrechnen kann. Der Kunde wird es schätzen, wenn er ganz genau weiß, wie viel er wofür genau bezahlt. Ansonsten wird er den Preis nicht erfassen können, sich nicht wohl fühlen und letztlich mit dieser Firma unzufrieden sein.

Des Weiteren ist es für Kleinunternehmen auf lange Sicht von Vorteil, auch offen zu bleiben, was die Zusammenarbeit mit anderen Unternehmern anbelangt. Zum Beispiel ist es selten zu empfehlen, einen Exklusivvertrag mit einem Vertriebspartner abzuschließen, auch wenn einem dadurch im Augenblick ein lukrativer Abschluss zu entgehen scheint. Denn durch Beschränkungen des Vertriebs könnte es sein, dass Ihre Kunden schwieriger zu Ihrem Produkt gelangen.

Ein offen orientiertes Unternehmen ist auch daran zu erkennen, dass es eine offene Buchführung praktiziert. Ein begeisterter Neuling im Geschäftsleben wird normalerweise nicht zögern, vor einem neugierigen Besucher alle Papiere auszubreiten, die in irgendeiner Form mit seiner Buchführung zu tun haben. Doch die Mehrheit aller in der konventionellen Geschäftswelt tätigen Unternehmer reagieren mit absoluter Panik auf die Vorstellung, irgendein Außenstehender könne Einblick in ihre finanziellen Aufzeichnungen erhalten.

Eine offene Buchführung zu praktizieren bedeutet, jedem Einblick in die Geschäftsunterlagen, insbesondere die Bilanzen und Abrechnungen, zu gewähren und die zu ihrem Verständnis notwendigen Details offen zu legen. Mit »jedem« meinen wir Angestellte, Kunden, Zulieferer und neugierige Besucher.

Viele neue Unternehmen praktizieren eine offene Buchführung. In vielen Fällen genügt es, nachzufragen, wenn man einen Blick in die Bücher hineinwerfen möchte, weil es keinen geeigneten Platz gibt, um sie öffentlich auszuhängen. Es ist jedoch auch eine Tatsache, dass die Kundschaft nur sehr selten in diese Unterlagen Einblick nimmt, weil nur wenige Leute überhaupt in der Lage sind, einen Geschäftsbericht zu lesen. Doch die Angestellten und Freunde nehmen sie zur Kenntnis. Die Bereitschaft zum offenen Umgang mit den Geschäftsbüchern hängt nicht davon ab, wie viele Menschen tatsächlich hineinschauen. Ein Unternehmen sollte eine offene Buchführung pflegen, weil es ein gutes Gefühl gibt und weitere Offenheit generiert. Darüber hinaus bewährt sich Offenheit auch beim Umgang mit Schulden, das stetige Bemühen, sie zu begleichen, vorausgesetzt.

Wenn wir offen für den Weg sind, erreichen wir unser Ziel leichter, als wenn wir uns den Weg vorschreiben. Manchmal ist es hilfreich, sich für eine bestimmte Zeit, etwa für eine Woche, so zu verhalten, als hätte etwas sich schon verbessert.

Etwas verbessern zu wollen, mit dem man nicht zufrieden ist, anstatt es hinzunehmen, führt Wachstum herbei. Nicht die kritiklosen und fantasielosen Menschen, nicht die Selbstgefälligen, auch nicht die Menschen, die resigniert haben, sondern die kritischen, unzufriedenen, wachsamen, sensiblen Menschen, wenn sie es immer wieder schaffen, aus ihren negativen Empfindungen Wünsche zu gestalten, werden etwas bewirken. Aus Problemen kann aber nur derjenige Mensch Wünsche machen, der offen ist.

DIE USP – UNIQUE SELLING PROPOSITION (›ALLEINSTELLUNGSMERKMAL‹):

Bevor Sie einen vernünftigen Marketingplan kreieren können, der auf persönlichen Empfehlungen basiert, sollten Sie eine klare und leicht verständliche Darstellung finden, was Ihre Firma macht. Unter USP versteht man das einzigartige Leistungsmerkmal eines Produktes, mit dem es sich deutlich von der Konkurrenz abhebt. Sie können sich zurechtlegen, was Sie jemandem in vier bis sechs kurzen und leicht verständlichen Sätzen im Aufzug antworten würden auf die Frage, was Sie beruflich machen. Diesen Text variieren Sie dann je nach Bedarf. Um eine klare Beschreibung Ihrer Tätigkeit zu geben, müssen Sie diese selbst durch und durch verstehen, mit all ihren Aspekten.

Dabei hilft es auch sehr, sich vorzustellen, welche Funktion Ihre eigene Tätigkeit im Leben Ihrer Kunden hat. Versetzen Sie sich möglichst in die Lage eines Menschen, der mit Ihren Produkten zurechtkommen muss. So überbrücken und verkleinern Sie die Kluft, die heute oft zwischen dem Produzenten und dem Konsumenten liegt. Also beantworten Sie sich die Fragen sehr genau: Was für eine Rolle spielen meine Produkte im Leben meines Kunden? Welche seiner Lebensbereiche sind durch sie betroffen? Sie können die klare Beschreibung Ihrer Tätigkeit natürlich auch auf Ihre Homepage stellen.

Diese klare Definition der Tätigkeit Ihrer Firma ist eine grundlegende Basis für die Planung aller Marketingaktionen. Sie können einfach keine konkreten Marketingschritte überlegen, solange Sie nicht wissen, was Sie im Sinn haben und was ganz genau Sie anbieten. Was Sie jetzt noch tun sollten, ist, sich auf jene Elemente Ihres Angebots zu konzentrieren, die nur Sie und niemand anderer offeriert. Überlegen Sie sich die Bereiche, in die Ihre Produkte und Dienstleistungen fallen und die Funktionen, die Ihre Produkte in diesen erfüllen. So bekommen Sie eine Liste, die Sie in die Beschreibung Ihrer Tätigkeit einfließen lassen können.

Kunden wollen an der Hand gehalten werden. Sie möchten wissen, wie sie Ihre Waren und Dienstleistungen effizient nutzen können. Je mehr Information Sie den Kunden zur Verfügung stellen, desto mehr werden sie kaufen; aber nicht nur das, sie werden Sie auch eher weiterempfehlen.

Wer in wohl bekannten Geschäftsfeldern arbeitet, hat weniger Schwierigkeiten, seine Tätigkeit anderen zu erklären. Er wird es vielleicht auch nicht leicht haben, sie zu überzeugen, dass er seine Sache besser macht als die vielen Mitbewerber, aber die Kunden werden wissen, worum es sich handelt. Nicht so im Falle, dass jemand es wagt, ihnen etwas völlig Neues anzubieten, etwas, von dem sie noch nie gehört haben. Sehr viele Unternehmer, die in einem neuen Feld operieren, denken zu wenig daran, ihren Kunden zu verdeutlichen, worum es bei dem neuen Produkt geht. Gerade hier ist dies aber enorm wichtig.

Wenn einem einmal bewusst geworden ist, dass man seine Tätigkeit genau erklären muss, stellt sich natürlich die Frage, wem aller soll man sie erklären, wer ist das richtige Publikum dafür? Dieser Punkt ist genau so wichtig, sorgfältig überlegt zu werden, denn er ist der Schlüssel zum funktionierenden Marketingplan, der auf Weiterempfehlung beruht. Sie müssen Ihr Angebot den richtigen Leuten zur Kenntnis bringen. Weil Sie als Kleinunternehmer zumeist über stark eingeschränkte Mittel verfügen, ist es besonders wichtig, dass Sie sich auf jene Menschen konzentrieren, bei denen Sie am ehesten mit Unterstützung rechnen können.

Des Weiteren dürfen Sie nicht außer Acht lassen, dass es sich bei Ihren Kunden stets um eine inhomogene Gruppe handelt. Die Gruppe der Käufer Ihres Produkts wird sich in völlig Unerfahrene über gelegentliche bis sehr erfahrende Nutzer aufspalten, die jeweils unterschiedlich großes Wissen zum Produkt besitzen, das nicht unbedingt mit der Häufigkeit der Nutzung korrespondiert.

Der Preis einer Sache beeinflusst die Erwartungen des Kunden entscheidend. Daher ist eine stimmige Preispolitik auch ein entscheidendes Element des Marketings. Mit dem Preis einer Ware beeinflusst man die Erwartungshaltung der Kunden automatisch und entscheidend. Im Idealfall ist nach dem Austausch von Geld, Waren und Dienstleistungen jede Partei mit dem Preis höchst zufrieden.

Die Kunden mit seinen Preisen zu verwirren und in die Irre zu führen ist daher ein Fehler, der unter keinen Umständen passieren darf. Einfach und leicht zu verstehen sollten die Preise sein. Ein Komplettpreis für ein bestimmtes Ding beinhaltet natürlich im Mindesten all das, was sich der Käufer zu diesem Preis üblicherweise erwartet und idealerweise noch eine Kleinigkeit mehr. Der Komplettpreis richtet sich nach den Preisen der Mitbewerber und nach redlichen Geschäftsgrundsätzen.

Geben Sie dem Kunden die Wahl über den Preis. Der Käufer sollte so viel Freiheit haben, wie Sie ihm nur lassen können, über die Gesamtsumme, die er anlegen will und die Warenmenge oder Dienstleistungsart, die er erwerben will. Es ist nicht gut, wenn der Kunde Waren in zu großen Stückzahlen oder in zu großen Einheiten einkaufen muss, um zu einem akzeptablen Preis zu kommen.

In manchen Unternehmen ist die Wahl des Produktpreises wirklich ein Problem. Das gilt besonders für den Fall, dass es kein eng verwandtes Produkt oder keine ähnlich geartete Dienstleistung gibt, die als Richtschnur dienen kann. Beim Festlegen eines angemessenen Preises geht es ganz klar darum, das richtige Verhältnis zwischen dem von Ihnen geforderten Preis und Ihrer Erfolgsrechnung zu finden. Das braucht Zeit und erfordert Ihre ständige Aufmerksamkeit.

Wenn Sie einen Preis für etwas völlig Neues oder für etwas, wofür es auf dem Markt keine unmittelbare Konkurrenz gibt festlegen müssen, sollten Sie sich zunächst einmal Ihre Herstellungskosten genau betrachten. Und natürlich müssen Sie eine Gewinnspanne einkalkulieren, weil Sie sich andernfalls nicht lange im Geschäft halten werden. Viele Unternehmer setzen ihre Preise zu niedrig an. Das rührt daher, dass sie bei der Einschätzung ihrer Unkosten ihren eigenen Zeitaufwand gewöhnlich unterschätzen und andere Kosten verursachende Faktoren außer Acht lassen. Dazu gehört auch die Zeit, die Sie am Telefon verbringen, die Sie zur Behebung von Fehlern aufwenden müssen oder die Sie brauchen, um Spaß und Vergnügen in die Arbeit hineinzubringen.

Eine faire Rücktrittsrecht-Politik, die Sie den Kunden am besten schriftlich zur Verfügung stellen, gehört auch zum offenen Geschäftsgebaren. Genaueres dazu wird im Abschnitt ›Harmlosigkeit‹ besprochen.

Ein Beispiel für die Offenlegung seiner Tätigkeit gibt der Festland-Verlag Wien auf seiner Website.

Die Glaubwürdigkeit eines Unternehmens ist schwieriger einzuschätzen als jene in persönlichen zwischenmenschlichen Beziehungen. Bei Individuen können wir die Worte an den Taten messen, um zu erkennen, ob jemand lügt oder betrügt. Die Einschätzung einer Firma ist aber eine ganz andere Sache, denn hier sind viele verschiedene Menschen mit ganz unterschiedlichen Interessen und Absichten beteiligt.

Um ein Unternehmen zu beurteilen, können wir uns die übergeordnete Motivation der Belegschaft betrachten. Wenn Offenheit herrscht, können wir die vielen Aussagen mit den Handlungen vergleichen, um festzustellen, ob wir es mit einem ehrlichen Unternehmen zu tun haben. Offenheit und Geheimniskrämerei sind Gegensätze. Offenheit führt zur Aufdeckung von Betrug und Täuschung. Je weniger Offenheit in einem Unternehmen herrscht, desto besser kann Betrug gedeihen.

So ist es beispielsweise in den meisten guten Restaurants, in denen stolze Küchenchefs ausgezeichnete Gerichte zubereiten, den Gästen gestattet, die Küche zu betreten, um sich beim Chef zu bedanken. Wenn diese einzigartige Tradition der Offenheit praktiziert wird, erhalten die Gäste die Gelegenheit, einiges über das Restaurant zu erfahren, vor allem, wie es um die Sauberkeit bestellt ist. Ein Unternehmen, das sich verschlossen zeigt, und um Geheimhaltung bemüht, ist nicht automatisch unaufrichtig, aber die Erfahrung zeigt, dass es von Nachteil ist, aus der eigenen Ehrlichkeit ein Geheimnis zu machen. Hervorragende Restaurants können sicherlich überleben, ohne den Gästen Zutritt zur Küche zu gestatten. Hervorragende Restaurants, die darüber hinaus auch Offenheit praktizieren, florieren jedoch noch besser.

In manchen Situationen kann es dennoch besser sein, nicht offen zu sagen, was man denkt. Zum Beispiel, wenn man einen zweifelhaften Geschäftspartner erst überprüfen möchte, bevor man ihm eine Zusage erteilt.

Vielleicht fällt Ihnen zum Thema Offenheit noch etwas ein, sei es, dass Sie Kunden etwas über die Motive erzählen, die Sie bei Ihrer

Berufswahl beeinflusst haben oder dass Sie ihnen einfach jede Hintergrundinformation geben, nach der Sie gefragt werden.

Wie offen ist Ihr Unternehmen? Das ›Arbeitsblatt OFFENHEIT‹ ermöglicht es Ihnen, sich darüber klar zu werden, ob Sie das Geschäftsgebaren Ihres Unternehmens noch offener gestalten wollen.

Arbeitsblatt OFFENHEIT ✓	Ja	Nein
Einblick in die finanzielle Lage des Unternehmens wird gewährt.	☐	☐

Der Unternehmer erklärt und zeigt persönlich im Detail:

Seine Tätigkeit	☐	☐
Die Arbeitsweise seiner Geräte	☐	☐
Die Festlegung der Preise für die Produkte	☐	☐

Spezifische Fragen werden beantwortet über:

Löhne	☐	☐
Miete/Pacht	☐	☐
Warenkosten	☐	☐
Herstellungskosten	☐	☐
Finanzielle Probleme	☐	☐
Gewinne und Verluste	☐	☐
Spezielle Techniken	☐	☐

Weitere Themen und Bereiche, welche?

Arbeitsblatt OFFENHEIT	Ja	Nein
Folgende Personen werden nicht offen informiert über bestimmte der oben stehenden Themen (ggf. Namen einsetzen):		
Familie Falls ja, warum?	☐	☐
Freunde Falls ja, warum?	☐	☐
Angestellte Falls ja, warum?	☐	☐
Zulieferer Falls ja, warum?	☐	☐
Buchhalter Falls ja, warum?	☐	☐
Steuerberater Falls ja, warum?	☐	☐
Geschäftspartner Falls ja, warum?	☐	☐
Einige Kunden Falls ja, warum?	☐	☐
Alle Kunden Falls ja, warum?	☐	☐

3. Stärke:
Verlässlichkeit

Berechenbarkeit, Geradlinigkeit, Beharrlichkeit,
Durchhaltevermögen, Durchsetzungsvermögen,
Willensstärke, Zielstrebigkeit, Eindeutigkeit,
Pünktlichkeit, Treue, Lauterkeit, Seriosität,
Wahrheitsliebe, Zuverlässigkeit, Loyalität

Als verlässlich werden Sie angesehen, wenn Sie Wort halten, wenn Sie Ihre Kontakte kontinuierlich pflegen, vereinbarte Termine einhalten und nur im äußersten Notfall absagen. Eine klare Zeitstruktur zu befolgen, sowie eine sorgsame Nachbetreuung der Käufer zu praktizieren, trägt dazu bei, dass man Sie für zuverlässig hält. Nur in diesem Fall wird man Sie weiterempfehlen und nur dann können Sie Ihren Marketingplan auf persönliche Empfehlung begründen.

Was zur Verlässlichkeit dazugehört:
* Schnelle Beantwortung von Anfragen
* Qualität des Produktes
* Liefermenge
* Lieferzeit
* Rückgaberecht
* Preise

Wenn Sie Kunden in diesen Bereichen überraschen, dann nur angenehm: durch Rabatte, Geschenke, durch besondere Schnelligkeit oder durch Sonderangebote.

Verlässlichkeit gehört zu denjenigen Stärken, um die Sie sich auch gerade dann kümmern müssen, wenn diese Eigenschaft nicht zu Ihren besonderen Tugenden gehören sollte. Wenn Sie als Kleinunternehmer erfolgreich sein wollen, können Sie noch so kreativ, ehrlich und offen sein, wenn es Ihnen an Verlässlichkeit fehlt, werden Sie Ihre Kunden verlieren. Man wird Sie nur dann weiterempfehlen, wenn man sich auf Ihre hohen Standards absolut verlassen kann.

Ein Kleinunternehmen sollte seine Rechnungen stets prompt begleichen. Diese Praxis ist sehr wichtig, denn sie gewährleistet auch in der Zukunft ein reibungsloses Funktionieren des eigenen geschäftlichen Netzwerks. Wenn ein Unternehmen in finanzielle Schwierigkeiten gerät, ist es wichtig, dass es sich bereits in der Vergangenheit den Respekt seiner Lieferanten erworben hat und auf ihre Unterstützung zählen kann. Prompte Zahlung zeigt, dass wir verstehen, welche Rolle jedes Unternehmen im Netzwerk wechselseitiger Abhängigkeit, das ja alle Unternehmen beeinflusst, spielt.

4. Stärke:
Präsenz

Das allerbeste Produkt oder die hilfreichste Dienstleistung anzubieten würde Ihnen überhaupt nichts nützen, wenn potenzielle Käufer nichts davon wissen. Fragen Sie sich zu Beginn: Weiß die größtmögliche Anzahl potenzieller Kunden von Ihrem Betrieb? Und wenn ja, können die Kunden in einer vernünftigen Art und Weise zu Ihren Waren oder Dienstleistungen gelangen? Diese Fragen betreffen alles rund um Ihr Produkt: Die Verpackung, den Firmennamen, das Firmenlogo und ob Sie an allen sinnvollen Stellen gelistet sind. Selbst wenn man sein Geschäft schon eine Weile betreibt und meint, genug Kunden zu haben, gibt es hier vielleicht noch Verbesserungspotenzial. Sie müssen auch daran denken, neuen Interessenten den Weg zu Ihnen zu erleichtern.

Speziell für den Einzelhandel gilt, dass es enorm wichtig ist, die Kunden wissen zu lassen, wo Ihr Geschäft sich befindet. Für die Wegbeschreibung ist es hilfreich, markante Punkte am Anfahrtsweg zu bezeichnen, wenn es welche gibt. Diese sind dann auch direkt am Ort der Listung zu nennen, damit man Sie auch wirklich findet. Denken Sie daran, wie oft Sie selbst schon ein Geschäft nicht oder nur schwer gefunden haben, weil die Beschreibung des Anfahrtswegs zu ungenau oder irreführend war. Machen Sie es besser. Besonders auf Websites kann man eine Grafik und eine verbale Beschreibung des Anfahrtswegs gut anbringen. Da diese schon viele Geschäfte bereitstellen, erwarten die Kunden, eine solche Beschreibung zu finden. Halten Sie sich außerdem an Ihre angegebenen Öffnungszeiten, um dem Kunden eine größere Enttäuschung und Ärger zu ersparen, der unter Umständen einen weiten Anfahrtsweg in Kauf genommen hat.

Es gibt Geschäfte, die sehr leicht zu finden sind oder die jeder kennt, die aber dennoch quasi unerreichbar sind, weil es keine vernünftige Möglichkeit gibt, dort zu parken, sodass man oft und zu Recht beschließt, woanders einzukaufen. Hier haben Geschäfte in Einkaufszentren einen Vorteil, wenn es eine angeschlossene Parkgarage gibt, die den Einkäufern idealerweise gratis zur Verfügung steht. Der vorhandene Parkplatz sollte ein integrales Element der Zugänglichkeit Ihres Geschäftslokals sein. Sie sollten Ihren Kunden daher auch mitteilen, wo sie in der Nähe parken können. Eine andere Möglichkeit ist natürlich, sich zu überlegen, ob Sie nicht besser das Produkt zum Kunden bringen. Dies ist jedoch der Kundenbeziehung nur dann förderlich, wenn Sie nicht unerhört viel berechnen für diesen Service.

Ein Firmenname sollte einfach, gut lesbar und so gewählt sein, dass er das Wesentliche des Unternehmens sofort vermittelt. Was macht einen guten Namen aus? Hierauf gibt es keine einheitliche Antwort. Wenn Sie sich umsehen, gibt es wahrscheinlich eher wenige Firmennamen, die Ihnen wirklich gefallen. Im Internet sollte Ihr Domainname unbedingt den Firmennamen beinhalten, und es ist gut, wenn man ihn sich leicht merken kann.

Für jedes Unternehmen ist das Telefon ein sehr wichtiges Gerät. Es ist der primäre Anlaufpunkt der Kunden und Interessenten. Ihre Telefonnummer sollte an allen möglichen Stellen gelistet sein, an denen der Kunde nachsehen könnte. Das ist ganz besonders wichtig für Dienstleistungsunternehmen und für solche, die einen Großteil ihrer Aktivitäten über das Telefon abwickeln. Ein Anrufbeantworter, der einwandfrei funktionieren muss, zahlt sich immer aus, denn ein Geschäft, bei dem man vergeblich anruft, schreckt jeden Kunden ab. Lassen Sie den Kunden wissen, wann Sie ihn zurückrufen werden.

Es gibt mehr als eine Möglichkeit, Ihr Unternehmen eintragen zu lassen. Was für das eine Unternehmen wichtig ist, mag für das andere vernachlässigbar sein. Es bedarf Ihrer Analyse, welche Stellen es sind, die Sie unbedingt nutzen sollten für Ihren Eintrag. Wenn die nahe liegenden Listungen erfolgt sind, können Sie immer noch kreativ werden. Informieren Sie Ihre früheren Kollegen, Ihre ehemaligen Mitschüler, auch wenn Sie jemanden schon lange nicht gesehen haben, ehemalige Nachbarn, Ihren Zahnarzt und so weiter. Wie gesagt, werden Sie kreativ. Sie werden sich wundern, wer Ihnen dann noch aller einfallen wird. Schreiben Sie einen passenden Verein an und bieten Sie ihm Ermäßigungen für Mitglieder an.

Noch weiter können Sie Ihre Einträge streuen durch die Listung Ihres Unternehmens bei passenden Interessensgruppen, die ruhig auch weiter entfernt lokalisiert sein können. Für manche Betriebe sind Verkaufsausstellungen die wichtigsten Marketingevents, und es kann sein, dass Sie nur über diese Ihre Kunden gewinnen können. Wenn Sie Ihr Qualitätsprodukt dort gut platzieren, kann Ihnen diese Gelegenheit sehr viel für die Zukunft nützen. Konferenzen zu Themen, die mit Ihrem Produkt zu tun haben bieten Ihnen ähnliche Chancen, einen Stand aufzustellen, bei dem viele Interessierte vorbei kommen.

Das ›Arbeitsblatt ERREICHBARKEIT‹ listet Möglichkeiten für Eintragungen und geeignete Maßnahmen zur Verbesserung der Erreichbarkeit auf.

Es gibt ein nützliches Konzept, das aus den USA kommt: »Werde ein wenig berühmt«. Sie finden den Internet-Link zu »Get Slightly Famous" von Steven Van Yoder am Ende dieses Buches. Mit ›ein wenig berühmt‹ ist gemeint, dass jemand zwar nicht so berühmt wie ein Schauspieler oder Sportler ist, aber gerade berühmt genug, damit Personen, die in seiner Umgebung leben, sofort sein Name einfällt, wenn sie ein bestimmtes Produkt oder ein Dienstleistungsservice benötigen. Wie machen Sie sich zu so einer Mini-Berühmtheit, zum ›Leader‹ in einer ganz bestimmten Angebots-Nische, zu dem die Kunden von selbst pilgern?

Zuallererst wählen Sie die vielversprechendste Geschäftsidee aus und fokussieren Ihr Marketing darauf. Finden Sie eine Marktnische, die Sie mit realistischer Einschätzung dominieren können. Bieten Sie etwas Nützliches für Ihre Kunden an, das diese bei niemand anderem bekommen. Bringen Sie diesen speziellen Vorteil unaufhörlich den Kunden und potenziellen Kunden zur Kenntnis. Das ›Arbeitsblatt BESONDERHEITEN‹ enthält einige Fragen dazu. Erhöhen Sie Ihre Glaubwürdigkeit, indem Sie mit umfangreichen und detailliertem Wissen brillieren, und zwar wissen Sie nicht nur über Ihr Business bestens Bescheid, sondern auch über Ihre Kunden. Sie müssen Ihre eigene Marke aufbauen, und Sie müssen eine emotionale Saite in Ihrem Publikum in Schwingung versetzen, sodass es ein gutes Gefühl mit Ihrer Marke assoziiert. So werden Sie nach und nach zum empfohlenen Experten.

Die Tatsache, dass Sie und Ihr Unternehmen bekannt werden, bedeutet nicht automatisch, dass Ihre Verkaufszahlen steigen oder Sie das gewünschte Image vermitteln können. Publicity kann auch Nachteile haben: Sie erhalten möglicherweise mehr Anfragen und Aufmerksamkeit, als Sie bewältigen können. Dieses Problem entsteht, wenn die Leute, die Sie besuchen und Ihnen Fragen stellen, mehr von Ihrer Aufmerksamkeit fordern, als Sie geben möchten und können. Oft kommen solche Leute mit falschen Vorstellungen zu Ihnen. Oft sind sie keine potenziellen Kunden.

Ein hohes Maß an Bekanntheit kann tatsächlich sehr zeitraubend, ja sogar lähmend sein. Sie können bereits einfach dadurch, dass Sie auf Publicity aus sind, auch schlechte Publicity erhalten, ob Sie wollen oder nicht. Wenn Sie einmal so bekannt sind, dass Sie Zeitungen oder Zeitschriften Interviews geben, sollten Sie sich von vornherein darüber im Klaren sein, dass man Sie oft falsch zitieren oder Ihre Aussagen aus dem Zusammenhang reißen wird. Sie haben keine Kontrolle darüber, was der Autor auswählt, und oft muss dieser sich einem Redakteur unterordnen.

Um sich ›ein wenig‹ bekannt zu machen, können Sie auch zum Beispiel regelmäßig Newsletter versenden, wie Sie im Folgenden lesen werden. Das Internet bietet Ihnen viele Handlungsmöglichkeiten und Vorteile, und daher wird immer wieder die Sprache darauf kommen. Sie können Märkte, die Sie bisher nicht bearbeitet haben, über das Internet leicht erreichen und darüber hinaus direkt bearbeiten. Dadurch können Sie neue Kunden gewinnen und zusätzliche Produkte bzw. Dienstleistungen verkaufen, all das gehört dazu. Sie können Ihren Verkauf, aber auch andere Geschäfte rund um die Uhr über das Internet abwickeln. Dabei stellen Öffnungszeiten, Postwege, Arbeitszeiten und andere Probleme kein Hindernis mehr da. Sie können die von Ihnen ausgewählten Zielgruppen ganz direkt ansprechen. Das ermöglicht Ihnen, Ihre Marketingmaßnahmen zielgruppenorientierter und effizienter zu realisieren.

Sie können schnell und effizient Ihr Verkaufsprogramm jederzeit aktualisieren und Ihren Kunden kostengünstig nahe bringen. Und Sie können dabei auf eine neue Auflage Ihrer gängigen Flyer, Folder, Kataloge und Prospekte verzichten und dadurch auch Kosten sparen. Sie können die Schnelligkeit und Effizienz Ihres Kundenservice optimieren. Da Sie über das Internet mit Ihren Kunden immer in Kontakt bleiben können, können Sie auch besser Ihren Service bekannt machen und umsetzen. Sie können Ihre Kommunikations- und Informationskosten günstiger gestalten. Das Internet ist billiger als Telefonieren oder Faxen. Und die Kosten für die notwendigen Recherchen, die Sie im Rahmen Ihrer Markterkundung anstellen müssen, sind geringer. Sie können auch die Bedürfnisse, Wünsche und Probleme Ihrer Kunden und somit auch deren Kaufverhalten genauer ermitteln. Und Sie können über die entsprechenden Programme sogar Statistiken über Ihre Kunden ohne großen Aufwand aufstellen und, was noch wichtiger ist, nutzen. Sie können mit Ihrer Zielgruppe online kommunizieren. Bedienen Sie sich dafür der Möglichkeiten, die Ihnen E-Mails, die Nutzung von Chaträumen, von Foren im Internet oder Videokonferenzen durch das Netz bieten.

Einige wichtige Fragen, die Ihnen bei der Auswahl eines Webdesigners helfen können, haben wir im ›Arbeitsblatt WEBDESIGNER FINDEN‹ zusammengestellt.

Was für den Verkauf gilt, gilt natürlich genauso für den Einkauf. Sie können über das Internet die Beschaffung der von Ihnen benötigten Güter und Dienstleistungen abwickeln. Das Internet ist ein globaler Marktplatz, auf dem Sie sich vorteilhaft bedienen können. Profitieren Sie von der größeren Markttransparenz des Internets: Sie haben den direkten Zugang zu den Angeboten, den Preisen, den Konditionen und Sie können auch online bestellen und sogar bezahlen. Wahrscheinlich können Sie dadurch sogar Ihre Bezugskosten senken.

Trotzdem geben Ihnen nach wie vor Zeitungen und Zeitschriften Aufschluss über die Interessen und aktuellen Themen Ihrer Zielgruppe. Das Studium der führenden Fachzeitschriften gehört dazu, um innerhalb des Themengebietes auf dem Laufenden zu bleiben. Sie sollten dann gezielt Ihr Augenmerk auf Ankündigungen oder Prognosen der Zukunft richten, um Rückschlüsse auf die Marktentwicklung zu ziehen.

Im Internet kann man sehr viele Informationen zur Verfügung stellen, die je nach Bedarf des Kunden oberflächlich gehalten werden können oder in die Tiefe des Themas gehen. Manche Kunden fragen sehr viel, bevor sie kaufen wollen. Weiters kann der Kunde über das Internet den Verkauf durchführen. Und nicht zuletzt hat das Netz auch dynamische Qualitäten, die später noch besprochen werden.

Wegen der unglaublichen Vielzahl ähnlicher Produktangebote im Internet infolge seiner weltweiten geografischen Reichweite ist es wichtig, dass potenzielle Kunden mitbekommen, was gerade Ihre Produkte einmalig und begehrenswert macht. Bedenken Sie dieses, wenn Sie sich überlegen, was Sie auf Ihre Website stellen wollen. Gestalten Sie Ihre Website so, dass die Besucher Lust bekommen wieder vorbeizuschauen. Eine einfach aufgebaute Site, die mit interessanten Informationen gefüllt ist, welche regelmäßig aktualisiert werden, lockt die meisten Kunden an und bringt sie wahrscheinlich dazu, sich diese Site zu merken. Einfachheit im Seitendesign wird heutzutage von fast allen Kunden geschätzt. Wenn Sie selbst nicht das nötige Wissen und die Zeit haben, die Website zu erstellen und zu pflegen, beauftragen Sie jemanden mit dieser Arbeit. Eventuell können Sie sich die Softwareprogramme für das Updaten erklären lassen und, wenn es nicht zu viel Aufwand für Sie bedeutet, es schließlich eines Tages selbst übernehmen.

Wie vorteilhaft ein kooperatives und konstruktives Netzwerk im Geschäftsleben ist, zeigt sich auch hier. Die Links sind ein Abbild Ihres Gemeinschaftsgeistes im Geschäftsleben und außerdem sehr nützlich, denn ebensolche Links bringen Besucher befreundeter Websites zu Ihnen. Des Weiteren kommen Ihre Besucher über Links auch wieder zurück zu Ihrer Site. Es ist ein sehr schöner Kreis, der sich schließt.

Die Website ist Ihre Visitenkarte nach außen, Ihr Katalog, Ihr Verkaufsmedium und vieles andere gleichzeitig. Entsprechende Sorgfalt sollten Sie deshalb auf ihre Gestaltung verwenden. Berücksichtigen Sie, dass das Internet völlig mit Websites überfüllt ist. Es reicht also nicht aus, eine Website zu haben, sondern Sie müssen auch dafür sorgen, dass sie bekannt wird und Ihre Zielgruppe sie ohne großen Aufwand findet. Dazu können Sie sich auch bei Suchmaschinen anmelden und sich Netzwerken im Web anschließen.

Über E-Mail können Sie Ihren Kunden schnell und effizient Informationen zukommen lassen. Zum Beispiel, wenn Sie neue Angebote haben oder Fragen zur konkreten Abwicklung eines Geschäfts bestehen. Andererseits haben Sie die Möglichkeit, über E-Mail schnell Informationen von Kunden zu erhalten. Zum Beispiel Feedback über Probleme, Wünsche, Bedürfnisse, Kritiken und Verbesserungsvorschläge. E-Mail ist kostengünstig. Sie können hundert oder mehr E-Mails mit einem einzigen Mausklick gleichzeitig versenden. Das spart viel Zeit. Und das noch zu sehr günstigen Preisen. Darüber hinaus können die Nachrichten zu jeder beliebigen Zeit abgerufen werden. E-Mails sind schnelle Nachrichten. Das verleitet dazu, den üblichen Schreibstil zu vernachlässigen. Aber nicht jeder Empfänger findet es toll, wenn er Nachrichten ohne Punkt und Komma, ohne Groß- und Kleinschreibung und ohne Einhaltung der Grundregeln der Rechtschreibung erhält. Darüber hinaus ist das schlicht unhöflich. Vernachlässigen Sie also Sprache und äußere Form nicht. Seien Sie sorgfältig sowohl bei der Formulierung als auch beim Inhalt Ihrer E-Mails. Passen Sie auch auf den Ton auf. Ihr Ziel muss sein, schon beim ersten Kontakt beim Empfänger einen guten Eindruck zu erwecken.

Halten Sie sich am besten an folgende Grundsätze: persönliche Ansprache, immer den oder die Gründe für die E-Mail nennen, knapper und übersichtlicher Text, kundenbezogener Schreibstil. Geben Sie die Daten Ihrer Firma vollständig an. Das sind: Ihr Name, Firmenname, Ihre Handelsregister-Nummer, Postanschrift, Telefonnummer und Faxnummer. Eingehende E-Mails sind zügig zu beantworten. Sorgen Sie dafür, dass Ihr elektronischer Briefkasten mindestens einmal täglich eingesehen wird. Sie brauchen einen sicheren Bestand an E-Mail-Adressen. Sorgen Sie dafür, dass die Adressen Ihres Kundenstamms für E-Mail-Aktivitäten zur Verfügung stehen. Und versuchen Sie, diesen Bestand mit Adressen von potenziellen Kunden zu ergänzen. Achten Sie auf eine ständige Aktualisierung Ihrer Adressenlisten. Schicken Sie keine unerwünschten E-Mails.

Power-Technik:
WIE WERDE ICH NOCH PRÄSENTER IN MEINER UMWELT?

Die Präsenz des Unternehmens steht in direktem Zusammenhang mit der Präsenz der Unternehmerpersönlichkeit. Wenn Sie als Unternehmer zuerst Ihre Fähigkeit und Bereitschaft zur Präsenz erhöhen, werden sämtliche Ratschläge zur Erhöhung Ihrer unternehmerischen Präsenz bessere Früchte tragen. Wie von Zauberhand wird die Präsenz Ihres Unternehmens im Internet, beim Fachpublikum, bei Ihren Kunden steigen.

Als ersten Schritt auf Ihrem Weg zu mehr persönlicher Präsenz empfehlen wir Ihnen, Ihre Muster rund um ›Präsenz‹ versus ›Mangel an Präsenz‹ zu neutralisieren. Dazu können Sie die ›DP3-Persönlichkeitsgestaltung nach Zivorad Slavinski‹, die wir im Abschnitt ›Einführung in die Power-Techniken‹ beschrieben haben, verwenden. Da den Menschen der eigene Mangel an Gegenwärtigkeit oft nicht auffällt, beginnen Sie in diesem Fall vielleicht andersrum: finden Sie zuerst eine Erinnerung, wo Sie selbst oder jemand, den Sie beobachten konnten, außergewöhnlich anwesend waren. Ganz hier und jetzt und raumfüllend zugegen. Vor diesem Kontrastbild finden Sie eine Erinnerung an einen Moment, wo Sie das Gegenteil verkörpert haben. Verfangen in inneren Vorgängen, wie benebelt und dadurch fast unerreichbar (und unsichtbar) für andere. Bearbeiten Sie dieses Gegensatzpaar, bis beide nur leer und weiß sind.

Dann stellen wir Ihnen weitere Übungen vor: eine zum kurzfristigen Behandeln von akuten Benebelungen und Präsenzmängeln, eine 14 mal durchzuführende Kurzübung zur dauerhaften Steigerung der Gegenwartspräsenz, sowie eine lebensbegleitende Dauerübung zum gleichen Zweck. Daran anschließend einige Überlegungen über die Hintergründe für mangelnde Präsenz, und daraus abgeleitet Möglichkeiten, sich nachhaltig in eine natürlich präsente Persönlichkeit zu verwandeln.

Eine kleine Übung, um sich aus (speziell morgendlichen) Benebelungszuständen münchhausenartig selbst am Schopf heraus zu ziehen, geht wie folgt:

Schauen Sie, dass Sie unbeobachtet sind. Notfalls ziehen Sie sich kurz auf die Toilette zurück. Dann stellen Sie sich in militärische ›Habt-Acht!‹ Position auf (Scheitel hochziehen, Kinn gegen die Brust, Brust heraus, Bauch hinein, Schultern nach unten ziehen, Gesäß und Beine anspannen, Zehen auseinander, Fersen zusammen pressen, Arme gespannt, und Hände mit gestreckten Fingern und Spannung gegen die Oberschenkel pressen). Dann verziehen Sie Ihr Gesicht zu einem breiten Grinsen, und sagen Sie folgenden Satz: »Ich bin wach(!), mit meinen Händen(!) und Füßen(!) bin ich wach(!)!«, wobei Sie bei jedem (!) die Augen aufreißen, bei ›Händen(!)‹ mit ihrer Aufmerksamkeit ganz in Ihre Hände hineingehen, so als würden sich die Hände Ihres Energiekörpers in Ihre körperlichen Hände hineinschieben wie in ein Paar Handschuhe, und das Gleiche bei ›Füßen(!)‹ mit Ihren Füßen. Beim abschließenden

›wach(!)‹ schlagen Sie die Fersen zusammen wie der Adjutant von Kaiser Franz Josef. Sie werden den Effekt dieser Übung sofort spüren, in hartnäckigen Fällen können Sie den Ablauf wiederholen. Die Wirkung wird ein bis zwei Stunden anhalten, danach können Sie das kleine Ritual wiederholen.

Die folgende kleine Übung ist schamanischen Ursprungs, und sollte an 14 Tagen hintereinander durchgeführt werden, jedoch nicht öfter als einmal am Tag. Setzen Sie sich dazu ca. einen Meter vor eine Wand oder einen Kasten, und fixieren Sie mit Ihren Augen einen Punkt auf der Fläche vor Ihnen, der ca. 10 cm höher liegt als Ihre Augen. Lassen Sie während der gesamten Übung die Augen auf diesen Punkt fokussiert.

Im ersten Schritt spüren Sie sich selbst, spüren Sie wie sich das Wesen anfühlt, das da schaut. Bleiben Sie ca. eine Minute in Kontakt mit dieser Ihrer Qualität, während die Augen den Punkt fixieren.

Richten Sie jetzt Ihre Aufmerksamkeit möglichst intensiv auf den unteren Rand Ihres Gesichtsfeldes, allerdings ohne die Augen zu bewegen, und dann das gleiche mit dem oberen Rand. Haben Sie das halbwegs hinbekommen, richten Sie nun Ihre Aufmerksamkeit auf den oberen und auf den unteren Rand des Blickfeldes zugleich. Halten Sie die Aufmerksamkeit dort für ca. 1 Minute, und versuchen Sie dabei Gesicht und Schultern tunlichst zu entspannen.

Nun richten Sie Ihre Aufmerksamkeit möglichst intensiv auf den linken Rand Ihres Gesichtsfeldes, wieder ohne die Augen zu bewegen, und dann auf den rechten Rand. Hat das halbwegs geklappt, richten Sie nun Ihre Aufmerksamkeit auf den linken und auf den rechten Rand des Blickfeldes zugleich. Halten Sie die Aufmerksamkeit dort für ca. 1 Minute, und entspannen Sie dabei Gesicht und Schultern.

Als nächstes richten Sie Ihre gesamte Aufmerksamkeit auf den oberen, rechten, unteren und linken Rand Ihres Blickfeldes zugleich – während die Augen nach wie vor den Punkt knapp über Augenhöhe fixieren ist Ihre Aufmerksamkeit ganz in der Peripherie Ihrer optischen Wahrnehmung. Halten Sie Ihre Aufmerksamkeit dort und als letzten Schritt stellen Sie sich vor, dass Sie das Gefühl von sich selbst, mit dem Sie ganz am Anfang Kontakt aufgenommen haben, in den Raum um sich herum ausfließen lassen. Füllen Sie den Raum mit diesem Gefühl aus bis ganz in die Peripherie und noch weiter, stellen Sie sich vor, dass auch der Raum hinter Ihnen und überall mit dem Gefühl, das Sie von sich haben, ausgefüllt ist. Halten Sie diese Vorstellung für eine Minute oder zwei, und beenden Sie dann die Übung.

Um mit relativ geringem Aufwand langfristig und stabil merklich präsenter zu werden, ist es gut, sich die Hintergründe der Präsenzvermeidung anzusehen. Präsent zu sein bedeutet, im Hier und Jetzt den Dingen ins Auge zu sehen, und dadurch auch für andere Menschen und die Ereignisse des Lebens erreichbar zu sein. Wenn Ihnen diese Beschreibung unangenehme Gefühle oder Vorstellungen vermittelt, dann sind Sie bereits mit einem Teil des Problems in Kontakt.

Setzen Sie sich mit den Ängsten oder anderen unangenehmen Gefühlen auseinander, indem Sie genau hinspüren und Selbstliebe anwenden. Sie können sie durch Druck und Beatmung und anschließendes Klopfen der 7 Meridianpunkte, wie es unter ›Selbstbehandlung mittels Meridian-Therapien‹ beschrieben wurde, behandeln. Zu beachten ist dabei vor allem, dass es sich wahrscheinlich um ein ganzes Bündel von sehr nah verwandten unangenehmen Gefühlen und subtilen Ängsten handelt. Für eine effiziente Arbeit damit ist es sinnvoll, die einzelnen Komponenten dieses inneren Potpourris auseinander zu klauben, einzeln aufzuschreiben und mit SUD‹s zu bewerten, und eine nach der anderen zu bearbeiten. Ansonsten besteht die Gefahr, dass Sie zwischen den einzelnen Aspekten hin und her gleiten. Dadurch wird hier ein bisschen was erleichtert oder da ein wenig aufgelöst, aber insgesamt können Sie stundenlang damit befasst sein, ohne dokumentierbare Ergebnisse zu erzielen. Dies ist der Eigenmotivation nicht sehr zuträglich, und beim Befassen mit dunklen und unangenehmen Seiten der eigenen Psyche ist die Motivation sowieso der Schwachpunkt.

Das Motivationsproblem können Sie umgehen, indem Sie mit einer therapeutischen Begleitung arbeiten. Erfreulicherweise gibt es auch im deutschen Sprachraum immer mehr Menschen, die professionell mit den verschiedenen Power-Therapien arbeiten. Internet-Links dazu finden Sie im Anhang.

Eine klassische Möglichkeit zur Steigerung der Präsenz ist die Meditation, besonders alle Formen der Zen-Meditation.

Arbeitsblatt ERREICHBARKEIT ✓	Ja	Nein
Das Unternehmen ist telefonisch leicht erreichbar.	☐	☐
Die Telefonnummer ist im Telefonbuch der Post gelistet.	☐	☐
Die Telefonnummer ist in den Gelben Seiten unter allen zutreffenden Themenbereichen und in den passenden Regionen gelistet.	☐	☐
Die Telefonnummer befindet sich auf den Visitenkarten, Quittungen, Bestellformularen, Briefumschlägen und Publikationen.	☐	☐
Es gibt einen Anrufbeantworter mit klaren Informationen.	☐	☐
Er wird regelmäßig abgehört, und es wird bald zurückgerufen.	☐	☐
Die Postadresse ist eindeutig und ändert sich nur selten.	☐	☐
Die Rücksende-Adresse liegt allem Versandten bei.	☐	☐
Es gibt persönliche Kontakte zu den Zustellern.	☐	☐
Der Postkasten ist leicht zu finden, und es gibt alternative Möglichkeiten für die Zustellung von Paketen und Sendungen mit Strafporto.	☐	☐
Der Anfahrtsweg zum Geschäftslokal steht auf der Website und ist auf allen Zusendungen gut beschrieben.	☐	☐
Die Öffnungszeiten des Geschäftslokals sind angenehm.	☐	☐

Arbeitsblatt ERREICHBARKEIT	Ja	Nein
Die Öffnungszeiten werden aktuell gehalten: auf der Website, bei elektronischen Aussendungen, im schriftlichen Informationsmaterial und auf der Voicemailbox.	☐	☐
Es gibt ausreichende Parkmöglichkeiten in der Nähe des Geschäfts, und diese sind gut beschrieben.	☐	☐
Es gibt Hinweistafeln, die zum Geschäft leiten, wenn der Weg kompliziert ist.	☐	☐
Das Firmenschild ist deutlich zu sehen und wird durch nichts verdeckt.	☐	☐
Die Eingangstüre geht leicht auf.	☐	☐

Arbeitsblatt BESONDERHEITEN ✓	Ja	Nein
Die Unterscheidung der Angebote von allen anderen ist gegeben durch:		
den besonderen Produktnutzen	☐	☐
das besondere Design	☐	☐
den besonders günstigen Preis	☐	☐
die besondere Kundenfreundlichkeit	☐	☐
besonders günstige Konditionen	☐	☐
die besondere Rücktrittspolitik	☐	☐
eine besonders bequeme Bezugsmöglichkeit	☐	☐

Viele neue Interessenten kommen,
weil sie Folgendes erwarten:

Die wichtigsten Produkte des Unternehmens bieten
die folgenden besonderen Leistungen:

Die herausragenden Anwendungsmöglichkeiten
der wichtigsten Produkte sind:

Arbeitsblatt BESONDERHEITEN	Ja	Nein
Es wird mehr Service als anderswo geboten durch:		
Schnelligkeit	☐	☐
Gute Erreichbarkeit	☐	☐
Große Flexibilität	☐	☐
Große Kundennähe	☐	☐
Pünktlichkeit	☐	☐
Zusatzleistungen	☐	☐
Gratis Einpackservice	☐	☐
Änderungsdienst	☐	☐
Gut gelegener Standort	☐	☐
Möglichkeit, telefonisch zu bestellen	☐	☐
Online-Service	☐	☐
Große persönliche Ausstrahlung	☐	☐
Vorhandene Kunden bleiben erhalten, weil:		

Arbeitsblatt WEBDESIGNER FINDEN ✓	Ja	Nein
Gibt es eine verständliche und partnerschaftliche Beratung vorab zur Bestimmung von Erwartungen und Möglichkeiten? Gewinnen Sie den Eindruck, dass der Webdesigner mündige und informierte Partner sucht, oder hüllt er sich in Mysterien und Fachbegriffe?	☐	☐
Wie hoch sind die jährlichen Fixkosten? Für den Server? Für die Wartung? Ist ein Serverwechsel ohne große Umstände möglich?	☐	☐
Gibt es Referenzen? Finden Sie deren Designs ansprechend? Sind sie funktionell?	☐	☐
Sind Teile des Inhalts (z. B. Terminkalender, Sonderangebote, News,…) selbst änderbar? Gibt es dafür eine Einschulung?	☐	☐
Sind interaktive Elemente möglich? (Fragebögen, Foren, Bestellformulare,…)	☐	☐
Falls Sie ein Bestellformular (Warenkorb) wünschen: Hat der Webdesigner Erfahrung damit, wird an den Kunden eine Bestellbestätigung geschickt, gibt es Beratung über die rechtliche Seite von Internet-Geschäften?	☐	☐
Gibt es eine transparente Preisgestaltung? Welches Modul kostet wie viel? Werden Fixpreise, je nach Erfordernissen, festgelegt? Welche Nebenkosten sind zu erwarten?	☐	☐

5. Stärke:
Verbundenheit

*Einheit, Solidarität, Vereinigung, Einklang,
Einvernehmen, Freundschaft, Kameradschaftsgeist,
Zusammengehörigkeit*

Alles, was im Universum vorkommt, steht in Verbindung zu anderem. Auch wir Individuen stehen nicht isoliert da. Alles, was wir tun, geschieht unter dem Einfluss anderer und wird diese wiederum beeinflussen. Wer diese Tatsache akzeptiert hat, wird sich auch mit dem Gedanken anfreunden können, zu netzwerken. Denn das Netzwerken bedeutet nichts anderes für Sie, als das ohnehin unumgängliche Verbundensein mit anderen als Kraft einzusetzen, dort hinzukommen, wo Sie sein wollen. Jeder, der an diesem Netzwerk teilnimmt, der die richtigen Leute kennt, also auch Sie, wenn Sie den Gedanken des Netzwerkens leben, dem wird geholfen werden.

Gegenseitigkeit ist das Grundprinzip des Netzwerkens, und irgendjemand muss damit anfangen. Seien Sie es. Richtiges Netzwerken beginnt damit, dass Sie sich fragen, wie kann ich dem anderen zum Erfolg verhelfen. Seien Sie weichherzig und geben Sie einfach. Wenn Sie anderen geholfen haben, so werden diese in aller Regel Ihnen helfen. Nehmen Sie einfach Anteil an den anderen, sorgen Sie sich um sie. Natürlich gilt das im Privatleben, in der Familie und im Freundeskreis ohnehin, aber hier sprechen wir vor allem vom Geschäftsleben. Der menschliche Faktor ist nicht zu unterschätzen.

Alle Geschäftspartner sind auch Menschen, haben menschliche Gründe für ihre Handlungen und werden sich wie Menschen verhalten in ihren Entscheidungen. Natürlich ist es nicht hinreichend, ein Netz von Beziehungen zu flechten, um beruflichen Erfolg zu haben, aber es bringt große Vorteile für alle daran Beteiligten. Man unterstützt sich gegenseitig mittels seiner Erfahrung, motiviert einander, vermittelt jemanden an die passende Person weiter und man schätzt einander. All das bedeutet einen Arbeitsaufwand und auch ein nennenswertes Maß an Aufmerksamkeit, weil Sie viel über andere nachdenken müssen. Aber es ist befriedigend, anderen zu helfen und wenn Sie selbst dann eines Tages Ihr Netzwerk um Hilfe bitten können und diese erhalten, so werden Sie außerordentlich erleichtert und mit Dank erfüllt sein.

Gegenseitigkeit beim Netzwerken ist wichtig, aber führen Sie keine Buchhaltung darüber, wem Sie wann welchen Gefallen getan haben und, ob sich der andere schon im entsprechenden Ausmaß revanchiert hat. Das Stichwort hierzu lautet: Großzügigkeit. Diese Tugend wird in einem folgenden Abschnitt besprochen werden. Stellen Sie sich gute Beziehungen zu anderen einfach wie Muskeln vor. Diese werden auch nicht weniger durch den großzügigen Gebrauch, sondern sie wachsen.

Je genauer Sie wissen, was und wohin Sie wollen, desto leichter können Sie eine Strategie entwickeln, es auch zu Stande zu bringen und an Ihrem persönlichen Ziel anzukommen. Ein Teil dieser Strategie wird immer die Überlegung sein, jene Personen anzusprechen, die Ihnen helfen können, das Ziel zu erreichen. Es passiert außerordentlich selten, dass jemand nur per Zufall, ohne konkret darauf hingearbeitet zu haben, sein Ziel erreicht. Am Anfang dieser Strategie steht, Beziehungen mit Menschen der persönlichen Umgebung zu knüpfen, die Ihnen bei der Erfüllung Ihrer Berufung und Sendung beistehen.

Sie können sich zum Beispiel auf die Suche nach einem Verein begeben, in dem Sie die für Sie wichtigen Menschen kennen lernen, Sie können Vorträge besuchen und Gleichinteressierte ansprechen. Sie werden auf diese Weise viele neue Leute kennen lernen und viel mehr Gelegenheiten haben, Hilfe zu bekommen und sich weiter zu entwickeln. Hören Sie nicht auf zu träumen, werden Sie nicht mutlos und scheuen Sie nicht das Risiko, sich zu verändern.

Menschen mit geringer Risikobereitschaft haben im Allgemeinen kleinere Erfolgschancen. Je enger Sie Ihre Grenzen abstecken, desto weniger können Sie erreichen. Seien Sie mutig. Jedes Mal, wenn Sie sich Grenzen setzen, was Sie können oder nicht können, wenn sich Furcht in Ihr Denken einschleicht, erinnern Sie sich an eigene Erfolge. Suchen Sie sich Vorbilder, Menschen, die etwas gewagt und viel gewonnen haben und, wenn es geht, sprechen Sie mit ihnen oder schreiben Sie ihnen.

Für sinnvolle Netzwerkbeziehungen ist es keineswegs nötig oder dem Zweck sogar abträglich, den ganzen Tag auf dem Sprung zu sein, einen Werbespruch aufzusagen und jedem X-beliebigen die eigene Visitenkarte hinzuhalten und aufzudrängen. Diese Methode geht am authentischen Knüpfen von Beziehungen vorbei. In seinem Buch ›Never eat alone‹ (Random House Inc., 2005) erläutert der erfolgreiche Netzwerker Keith Ferrazzi sein Erfolgsgeheimnis. Er sieht es im großzügigen Geben und versucht stets, seinen neu gewonnenen Kontakten zuerst einmal zu helfen. Wenn er später Hilfe benötigt, kann er sich sicher sein, dass auch ihm geholfen wird. Jeder könne erfolgreiches Netzwerken lernen, allerdings sollte man nicht zu krampfhaft dabei vorgehen.

Netzwerke waren immer schon eine wichtige Ressource, die über Erfolg oder Versagen entscheiden kann. Wenn Sie die richtigen Netzwerkpartner haben, sind Sie stark. Investieren Sie daher genügend Zeit in den Aufbau und die Pflege eines privaten und beruflichen Netzwerks. Auch die Kontakte Ihrer primären Netzwerkpartner können in manchen Situationen eine entscheidende Rolle spielen.

Wir alle haben, was wir brauchen, um die Menschen rund um uns zu verzaubern, aber einerseits diese Anlagen zu haben und andererseits zu wissen, wie man damit arbeiten kann, sind zweierlei. Aber Sie können es lernen. Um neue Bekanntschaften zu schließen, ist es erforderlich, mit zunächst unbekannten Menschen ins Gespräch zu kommen.

Wenn Menschen in einem Raum sind, die einander nicht kennen, beginnen diese erst einmal mit dem so genannten Smalltalk, um sich gegenseitig zu beschnuppern, bevor es mit der eigentlichen Kommunikation losgeht. Guter Smalltalk wird sogar als eine Kunst angesehen und erfüllt als Wegbereiter eine äußerst wichtige Rolle. Sie können dies inzwischen sogar in eigenen Kursen erlernen. Beginnen Sie eine Konversation, stellen Sie eine Verbindung her. Wie machen Sie das? Es gibt eine garantiert richtige Methode, seien Sie Sie selbst. Zeigen Sie sich, wie Sie sind. Wie schon im Abschnitt Aufrichtigkeit empfohlen wurde, zeigen Sie sich inklusive Ihrer Verletzlichkeit und Fehler. Denken Sie nicht, dass Sie keine Gemeinsamkeit mit Ihrem Gegenüber haben, Sie finden bestimmt etwas. Wenn Sie sich als Erster öffnen, ergibt sich umso eher eine Gemeinsamkeit. Der beste Eisbrecher ist eine Bemerkung, die von Herzen kommt.

Es gibt sehr viele Themen für den Smalltalk, überlegen Sie sich schon zu Hause, was Sie ansprechen wollen, aber bleiben Sie offen für Dinge, die Ihnen spontan einfallen. Sie können über Ihre letzte oder nächste Reise, das Essen und Trinken, einen Museumsbesuch, Gelesenes oder über Ihren Lieblingssport ins Gespräch kommen.

Es gibt sicherlich die geborenen Netzwerker, die es schaffen, bei allen sich bietenden Gelegenheiten die richtigen Leute kennen zu lernen. Im Nu haben sie ein Netzwerk aufgebaut und setzen ihre Kontakte Gewinn bringend für sich ein. Auch wenn Sie nicht zu den Netzwerkgenies gehören, können Sie doch lernen, einiges besser zu machen. Es ist wichtig, dass Sie sich fragen, was genau Sie erreichen wollen. Netzwerken Sie auf keinen Fall nur um des Netzwerkens willen. Sie wollen nicht grundlos Leute kennen lernen, sondern die Richtigen. Schreiben Sie auf, wen Sie bereits kennen und stellen Sie eine Sammlung der Namen jener Personen zusammen, die Sie zwar noch nicht kennen aber gern kennen lernen möchten.

Wenn Sie erst einmal genau wissen was Sie wollen, ist der nächste Schritt, jene Menschen auszumachen, die Ihnen am Weg zu Ihrem Ziel behilflich sein könnten. Schreiben Sie eine Namensliste, die aus allen Personen, die Sie bereits kennen und möglichst vielen Personen, die Sie kennen lernen wollen, besteht. Zu Beginn konzentrieren Sie sich auf die Personen, die Sie bereits kennen. Berücksichtigen Sie dabei Verwandte, Freunde von Verwandten, alle Verwandten und Kontakte Ihres Partners, Mitglieder sozialer Organisationen, Kunden und ehemalige Kunden, Eltern der Freunde Ihrer Kinder, ehemalige Schul- und Studienkollegen, ehemalige Lehrer, Nachbarn und Zulieferer.

Wenn Sie eine Liste der Namen von Leuten haben, die Sie kennen lernen wollen und einen Plan haben, was Sie ihnen sagen wollen, so hilft das gar nichts, wenn es nicht auch wirklich dazu kommt, dass Sie mit den erwünschten Personen in Kontakt kommen. Versuchen Sie, an diese heranzukommen, vielleicht, indem Sie ihnen eine E-Mail schreiben oder jemanden bitten, der diese Person kennt, ob er Sie beide einander vorstellt. Fragen Sie immer, um weiter zu kommen, schlimmstenfalls kann jemand ›Nein‹ sagen. Viele Menschen glauben das nicht und fürchten sich, was sie schwächt.

Konferenzen bieten ein Forum von Personen, die Ihnen helfen können, Ihre Ziele zu erreichen, wenn diese Personen genau die richtigen für Sie sind. Dies sollte auch stets Ihre Entscheidungsgrundlage sein, wenn Sie überlegen, ob Sie an einer Konferenz, einem Symposion oder einer Tagung teilnehmen wollen. Ist es die Gebühr und die Zeit wert, dass Sie dabei sind, oder haben Sie nur gerade nichts Besseres zu tun? Wenn es passt, können Konferenzen der beste Platz sein, Ihr berufliches Netzwerk zu erweitern und geschäftliche Abmachungen zu treffen. Je aktiver Sie an diesen teilnehmen, umso mehr Nutzen werden Konferenzen für Ihr Unternehmen haben. Fahren Sie nur zu Konferenzen, wenn Sie etwas zu sagen haben, und sagen Sie es. Danach werden Leute sich mit Ihnen unterhalten wollen. Netzwerken ist niemals einfacher, als wenn Leute zu Ihnen kommen, weil sie Fragen an Sie haben.

Hochsensible Personen, denen persönliche Kontakte zu großen Netzwerken und wichtigen Personen leicht zu viel werden und die Probleme mit dem Smalltalk haben, können mit einem Menschen in

Verbindung stehen, der seinerseits in das passende Netzwerk eingebunden ist und so von den Vorteilen profitieren.

Das Umfeld, in welchem ein Unternehmen existiert, bildet ebenfalls ein Netzwerk. Es umfasst Lieferanten, Angestellte, Kunden, Freunde und Verwandte, die sich miteinander verbunden fühlen. Sie haben gemeinsame Interessen und Bedürfnisse oder gehen einer gemeinsamen Aktivität in Ihrem Unternehmen nach. Wenn Sie die persönlichen Kontakte dieser Personen und ihrer Freundschaftsnetzwerke durch Gratisproben und saisonale Geschenke stärken, so wird Ihr Unternehmen in den Genuss einer großen Anzahl von Vorteilen kommen. Zu diesen Vorteilen zählen die wertvollen Ratschläge von Mitgliedern der Gemeinschaft, viele individuelle Finanzquellen, neue Kunden und außergewöhnlich loyale Angestellte.

Man kann die gesamte Geschäftswelt als Verbindungsnetzwerk ansehen, das uns mit einer großen Anzahl von Menschen verbindet. Diese versorgen uns mit Nahrungsmitteln, Kleidung und den meisten anderen Waren und Dienstleistungen, die wir nicht selbst produzieren oder erbringen. In diesem Netzwerk tauschen wir täglich Geld, Waren und Dienstleistungen mit jenen Personen aus, die uns mit den für unser Leben wichtigen und notwendigen Dingen versorgen.

Wahrscheinlich wird es ähnliche oder ergänzende Produkte oder Dienstleistungen wie jene geben, die Sie selbst anbieten. Wenn Sie diese verwandten Produkte gemeinsam mit Ihren Kollegen den Kunden vorstellen, bekommen diese einen Einblick in das gesamte Feld verwandter Produkte und können Ihre Angebote besser einordnen. Eines der wichtigsten Instrumente, neue Kunden anzuziehen, ist die Website der Firma. Diese Website wird irgendwann einmal vom Kunden ein allererstes Mal besucht werden. Vielleicht kannte er Ihr Unternehmen schon vorher, vielleicht aber auch nicht. Daher müssen Sie auf Ihrer Website für alle neuen Besucher mögliche Fragen, die diese mitbringen könnten, klar beantworten.

Vermutlich haben auch Sie in Ihrem Bekanntenkreis jemanden, der jeden zu kennen scheint, und den umgekehrt jeder kennt. Solche

Menschen gibt es, und gerade sie sind wahre Eckpfeiler eines lebhaft gedeihenden Netzwerks. Gute Ergebnisse beim Netzwerken bedürfen einer sorgfältigen Vorbereitung. Wen Sie wann und wo treffen, liegt zu einem guten Teil bei Ihnen, und was diese Personen anschließend über Sie denken ebenso. Informieren Sie sich über die wichtigen Themen dieser Menschen vorab, soweit das geht. Dann haben Sie es leichter, mit ihnen zu kommunizieren. Fragen Sie andere, googeln Sie im Internet, lesen Sie Fachzeitschriften. Möglichkeiten, sich zu informieren, gibt es viele. Wenn jemand merkt, dass Sie sich Mühe geben, ihn zu verstehen, freut er sich aller Wahrscheinlichkeit nach. Die meisten Menschen sehnen sich danach, dass Sie ihnen Ihr Interesse entgegen bringen, dass sie über berufliche und private Probleme sprechen können. Und dass sie geschätzt werden.

Wenn Sie jemanden kennen gelernt haben und so verblieben sind, dass Sie einander telefonisch kontaktieren werden, kann es sein, dass es Ihnen unangenehm ist, anzurufen. Das geht vielen Menschen so. Was die telefonische Kontaktaufnahme anbelangt, so gibt es niemals den richtigen Zeitpunkt dafür, denn sich eine Ablehnung einzuhandeln wird nie und nimmer reizvoll für Sie und auch für niemand anderen sein. Damit sollte man sich einfach abfinden. Ganz wichtig ist es, dass Sie Ihrem Gesprächspartner in Erinnerung bringen, wer Sie sind.

Früher war Marketing einfacher. Im Wesentlichen dachte man sich eine gute Werbekampagne aus, schickte diese durch die wenigen Medienkanäle auf die Kunden los und lehnte sich dann zurück und wartete. Diese Tage sind vorbei, denn die Welt hat sich in ihrer Art, zu sprechen und zuzuhören radikal verändert. Die Informationsflut überschwemmt alles, und es ist nicht mehr so leicht wie früher, auf sich aufmerksam zu machen. Im Sinne des Netzwerkens bedeutet effektives Marketing, persönliche Verbindungen mit Kunden und potenziellen Kunden aufzubauen, nicht mehr und nicht weniger.

Alle Ihre geschäftlichen und privaten Entscheidungen, was Sie anziehen, wohin Sie essen gehen und Ihre Hobbys sind Teil Ihrer einmaligen, ganz besonderen Identität. Mit dieser Identität schwingen Glaubwürdigkeit, Besonderheit und Zuverlässigkeit mit, wenn

Sie sich Ihrer Umwelt und insbesondere Ihren Netzwerkpartnern auf längere Zeit konsistent präsentieren. Nicht nur innerhalb Ihres Unternehmens und Ihres bestehenden Netzwerks, sondern auch draußen in der Welt müssen Sie und Ihre Marke bekannt sein, um eine Autorität auf Ihrem Gebiet zu werden. Sie müssen sich sichtbar machen. Dann werden Sie mehr Aufträge erhalten als je zuvor.

Jeder kann heutzutage ein Autor sein, und sei es nur im Internet. Schriftliches zu produzieren kommt beim Netzwerken sehr gelegen. Artikel im Internet zu veröffentlichen oder für ein lokales Blatt zu schreiben kann sehr vorteilhaft sein, um sich sichtbar zu machen. Haben Sie eine Neuerung gefunden, die eine Tätigkeit erleichtert, können Sie etwas empfehlen? Schreiben Sie auf, wovon Sie glauben, dass es jemanden interessieren könnte, rufen Sie einen Redakteur an und bieten Sie es ihm an. Selbst wenn es nicht gedruckt wird, können Sie den Text immerhin auf Ihrer Homepage zur Verfügung stellen. Mehr zum Thema ›Schreiben‹ finden Sie bei der Stärke Kreativität.

Manchmal zahlt es sich wirklich aus, eine einflussreiche Person anzusprechen, jemanden, der einen großen Bekanntheitsgrad hat, sei es in der wissenschaftlichen Fachwelt, sei es in Politik, Wirtschaft oder in der Medienwelt. Diese Menschen sind es, die mit einem Schlag Ihren geschäftlichen Bestrebungen eine positive Wendung geben können.

Es kann nicht genug betont werden: Ob man es Familie, Stamm, Clan oder Netzwerk nennen will, Fakt ist, dass wir es brauchen, weil wir die anderen brauchen. Ebenso existieren Vereine, Klubs und Gemeinschaften jeder Art aus dem Grund, dass sich Menschen mit gleichen Interessen gern zusammenscharen. Diese können beruflicher, religiöser, sportlicher Natur sein, was auch immer, das Urlaubsland, ein Sprachkurs oder Tanzen. Wenn Sie teilnehmen, wenn Sie sich mit Gleichgesinnten treffen und austauschen, erleichtern Sie sich Ihr Geschäftsleben. Was uns erfolgreich im Leben macht, privat oder beruflich, das sind die Anderen und die Art und Weise, wie wir mit ihnen in Beziehung stehen. Wo Sie Freude finden, dort entspannen

Sie sich auch. Menschen sind soziale Wesen. Wir sind auf der Welt als Ergebnis sozialer Interaktion anderer Menschen. Es wird daher kaum überraschen, dass auch unser Erfolg in den meisten Fällen im Kontext unserer Beziehungen zu anderen Menschen existiert. Ein wenig Extraaufwand lohnt sich, wenn man einen Menschen trifft, mit dem man gleich oder später eine geschäftliche Beziehung eingehen will. In unserer schnelllebigen Welt ist morgen oft schon vergessen, was heute war. So auch die Namen unseres Gegenübers, mit denen wir eigentlich in Kontakt bleiben wollten. Es gibt nur einen einfachen Weg, dies zu verhindern: Senden Sie, wenn Sie jemanden kennen gelernt haben, am nächsten Tag eine E-Mail. In dieser erinnern Sie an gemeinsam Erlebtes oder gemeinsame Hobbys oder Interessen. Bei der nächsten sich anbietenden Gelegenheit können Sie vereinbaren, sich wieder zu treffen.

In Verbindung bleiben ist eine Hauptvoraussetzung für das Bilden und Halten von Beziehungen. Hierfür kann ein schnelles Melden, ein gelegentliches Grüßen nie schaden. Wenn man seinen eigenen Stil entwickelt hat und sich in dieser Form immer wieder ins Gedächtnis der Netzwerkpartner ruft, gelingt es am leichtesten, einmal hergestellte Kontakte am Leben zu erhalten.

Natürlich sind diese oftmaligen Lebenszeichen wiederum mit einem nicht unbeträchtlichen Aufwand verbunden, aber dieser bewahrt einen mit großer Wahrscheinlichkeit davor, vergessen zu werden.

Die folgenden Faustregeln können ein Anhaltspunkt für eigene Überlegungen zur Frequenz des Netzwerkens sein. Wenn Sie eine neue Beziehung schaffen wollen, so kommunizieren Sie auf drei verschiedenen Wegen mit diesem Menschen, um wiedererkannt zu werden. Zum Beispiel schreiben Sie eine E-Mail, telefonieren und treffen die Person einmal. Damit ist eine Basis geschaffen. Darauf bauen Sie nun die regelmäßige Pflege der Beziehung auf, sodass sie sich weiterentwickeln kann. Melden Sie sich nicht seltener als einmal im Monat, telefonisch oder per E-Mail. Um einem geschäftlichen Kontakt eine freundschaftliche Note zu geben, sind sicherlich mehr als zwei außergeschäftliche persönliche Treffen zu veranschlagen.

Zwei oder drei Mal im Jahr melden Sie sich bei entfernteren Netzwerkpartnern. Geburtstage und Jahrestage bieten sich an, um auf Tuchfühlung zu bleiben. Diese Regeln geben Ihnen einen ganz groben Anhaltspunkt dafür, welchen Aufwand es bedeutet, Ihr Netzwerk am Leben zu erhalten.

Ein Instrument, um mit seinen Kunden in stetigem Geschäftskontakt zu bleiben, sind Kundenbindungsprogramme. Die Vorteile dieser Programme werden gern genutzt, und Kundenbindung ist daher ein beliebtes Marketinginstrument. Sehr gut angenommen werden Kundenkarten im Scheckkartenformat. Stammkunden kommen in den Genuss der verschiedensten Sonderleistungen, zum Beispiel einer prozentualen Rückvergütung am Jahresende oder einem Gutschein zum Geburtstag. Auch reine Bonus- oder Sammelkarten, mit denen Bonuspunkte gesammelt werden, die man später einlösen kann, sind möglich.

Das ›Arbeitsblatt MARKETINGEVENT‹ hilft Ihnen, beim Planen eines Events nichts zu vergessen.

| **Arbeitsblatt** ✓ | Ok |
MARKETINGEVENT	
Event:	☐
Datum:	☐
Ort:	☐
Zweck und Ziel:	☐

Vorbereitung:

Warenproben/Kostproben	☐
Vorführungen	☐
Nützliche Anleitungen und Orientierungshilfen	☐
Fragebogen für Zufriedenheit mit dem Event und Anregungen	☐
Kontaktadressen für spätere Fragen	☐
Geplanter Ablauf:	☐

6. Stärke:
Fürsorglichkeit

Aufmerksamkeit, Umsicht, Achtsamkeit, Sorgfalt

Wie Sie Ihre Angestellten und Lieferanten behandeln, wird regelmäßig direkt oder indirekt an die Kunden und potenziellen Kunden weiter getragen. Daher ist ein gutes Einvernehmen mit diesen Personen sehr wichtig und trägt fundamental zum Ruf Ihres Unternehmens bei.

Sogar in unserer riesigen und komplexen Gesellschaft werden wir immer wieder feststellen, dass wir mehr miteinander verbunden sind, als man es meinen möchte. Dies ist umso mehr der Fall, wenn Sie ein Unternehmer sind, der die Leben vieler Menschen beeinflusst. Wie oft haben Sie schon ausgerufen »Klein ist die Welt!«, wenn Sie in einem Gespräch zufällig auf einen gemeinsamen Bekannten gestoßen sind. Daraus folgt, dass es nicht schwer ist, etwas über Sie herauszufinden – durch die Personen, die Sie kennen. Wenn Sie Ihre Angestellten oder Lieferanten unfair behandeln, wird sich das früher oder später herumsprechen.

Und es ist einer der leichtesten Wege, etwas über firmeninterne Angelegenheiten und Gebräuche eines Unternehmens zu erfahren, indem man die Angestellten befragt. Deren Leben sind so verquickt mit Ihrer Firma, da sie so viel Zeit dort verbringen, dass Ihre Angestellten sehr viel mehr wissen und berichten können als Ihnen vielleicht lieb ist. So dringen natürlich auch schlechte Botschaften nach draußen. Behandeln Sie Mitarbeiter gut, gerecht und in einer nicht diskriminierenden Weise. Hierzu gehört zum Beispiel auch, dass jeder in der Firma weiß, was der andere arbeitet, was er verdient, und dass sich alle Mitarbeitergehälter zumindest im branchenüblichen Rahmen bewegen.

Angestellte werden sich am häufigsten über ungerechte, weil ungleiche, Behandlung, Willkür des Managements und Ausbeutung ihrer Arbeitskraft beschweren. Wie Sie mit den Klagen Ihrer Angestellten umgehen, ist enorm wichtig für das Urteil der Angestellten über Ihr Unternehmen und letztlich für das Image Ihrer Firma in der Öffentlichkeit, die so gut wie alles von den Angestellten erfährt. Ermuntern Sie Ihre Angestellten, Ihnen ihre Meinung zu sagen und ihr Leid zu klagen. Die beste Methode, herauszufinden, was Ihre Angestellten über Sie denken, ist, sie einfach zu fragen. Das gibt ihnen das Gefühl, geschätzt zu werden und dass Sie sich um sie sorgen. Es wird sich bezahlt machen. Denn wenn die Mitarbeiter sich ernst genommen fühlen, werden Sie ihre Arbeit und die Belange des Unternehmens ihrerseits ernst nehmen und sich anstrengen, ihr Bestes zu geben. In sehr kleinen Unternehmen, die vielleicht bis fünf Angestellte haben, ist es am einfachsten, wenn die Unstimmigkeiten in einem persönlichen Gespräch mit dem Boss angesprochen werden. Es sollte aber auch in einer sehr kleinen Firma ein Beschwerdeverfahren geben, in dem schriftlich niedergelegt ist, an wen sich ein Angestellter mit Problemen und Beschwerden wenden soll und welche Schritte zur Lösung vorgesehen sind. Dieses Dokument sollte von allen Angestellten unterschrieben werden. Ist die Zahl der Mitarbeiter größer, können Meetings, in denen sie Negatives und natürlich auch Positives aussprechen können, regelmäßig stattfinden. In noch größeren Unternehmen werden Sie besser mittels eines sorgfältig ausgearbeiteten Fragebogens die Angestelltenzufriedenheit erfassen.

Kleine Unternehmen werden nicht nach der Größe ihrer Geschäftslokale beurteilt, sondern auch nach ihrer Zahlungsmoral. Eine einwandfreie Zahlungsmoral ist die Versicherung dagegen, Opfer von mies machenden Geschichten zu werden. Ausgezeichnete Zahlungsmoral kann ein positives Marketingwerkzeug sein, das Ihr geschäftliches Image verbessern kann, wenn es von den Leuten, mit denen Sie zusammenarbeiten, weiter gegeben wird. Ein jedes Unternehmen ist mehr oder weniger auf andere Geschäftsleute angewiesen und steht diesen mehr oder weniger nahe, weil man voneinander abhängig ist. Wenn Sie Ihre Rechnung nicht bezahlen, kann ein anderer wiederum, dem unter Umständen ein Geldpolster fehlt, seine Rechnung nicht bezahlen. Und wenn Ihnen das egal ist, werden Sie diese Einstellung höchstwahrscheinlich erwidert bekommen.

Versetzen Sie sich in Ihre geschäftlichen Kontaktpersonen und nehmen Sie an, dass diese auch nicht gerade auf Rosen gebettet sind und das Geld, das Sie ihnen schulden, dringend benötigen. Jeder wird Sie dafür schätzen, dass Sie prompt Ihre Rechnungen bezahlen. Wenn es gar nicht anders geht, so melden Sie Verzögerungen wenigstens ehrlich und frühzeitig. Rufen Sie sofort an, teilen Sie das Zahlungsproblem mit und auch gleich einen Plan, wie Sie es lösen wollen. Fragen Sie um Erlaubnis für den Verzug oder bitten Sie um die Möglichkeit der Ratenzahlung. Diese Problematik gehört unbedingt zum Marketing dazu, denn wenn nur das geringste Gerücht in die Welt gesetzt wird, dass Sie keine gute Zahlungsmoral haben, kann dies katastrophale Folgen für Ihre Auftragslage haben.

Wenn Sie wissen wollen, wie Ihre Zulieferer über Sie denken, fragen Sie diese, indem Sie ihnen das ›Arbeitsblatt ZUFRIEDENHEIT‹ aushändigen.

Eine Freundschaft ist gekennzeichnet durch gegenseitige Achtung, Respekt und Sympathie. Zufriedengestellte Kunden haben manche dieser Qualitäten von Freunden. Sie teilen zumindest im geschäftlichen Bereich Werte mit Ihnen und werden sich entsprechend wohlwollend verhalten. Daher haben sie ebenso wie Ihre Freunde und Ihre Familie und sonstige Bekanntschaften eine wichtige Bedeutung für Sie im Marketing. Sie können Ihren Aufwand, die Produkte zu vermarkten, effektiv unterstützen, wenn Sie das wollen und fördern. Am besten fördern Sie es, wenn Sie diese Menschen an Ihrem Leben teilhaben lassen. Schreiben Sie Ihnen gelegentlich Neuigkeiten per E-Mail ebenso wie Ihren Freunden. Dadurch können Sie wichtige Hinweise für Verbesserungen und auch Hilfe bei anliegenden Problemen bekommen. Dies gilt im Übrigen auch für die Meinung von Kollegen, die im gleichen Feld arbeiten. Sie ist wertvoll.

Es gibt aber immer wieder auch Leute, die schlecht über Sie reden werden, die Ihrem Geschäft warum auch immer schaden wollen, und es ist wichtig, eine Strategie für diejenigen Mitmenschen bereitzuhalten. Sie müssen darauf reagieren, denn sonst nimmt Ihr Unternehmen Schaden. Sie können sich entweder auf die positiven Eigenschaften der Person, die Ihnen schaden will, konzentrieren, oder mit Hilfe einer dritten Person Ihre Differenzen beilegen.

Gehen Sie mit Ihren Angestellten so um, dass auch diese ihre Träume verwirklichen können. Arbeiten Sie aber auf jeden Fall an Zukunftsvorstellungen mit ihnen. Es hilft ihnen nicht nur bei der Verwirklichung ihrer Lebensziele, sondern lässt auch mehr und mehr Loyalität entstehen. Alle wissen dann, dass sie im Team unverzichtbar sind. Wenn Sie einen Angestellten loben, und das sollten Sie so oft wie möglich tun, dann tun Sie das öffentlich, vor allen anderen. Wenn Sie aber etwas auszusetzen oder zu korrigieren haben, muss das unter vier Augen geschehen.

Sie möchten ja selbst auch ein glückliches und gesundes Leben haben, und so müssen Sie das Ihnen Mögliche tun, um Ihren Angestellten ein glückliches und gesundes Leben zu verschaffen.

Richten Sie ein Angestelltenhandbuch ein. Legen Sie großzügig bemessene Nebenleistungen für alle Beschäftigten fest. Das sind freie Tage, Wellness-Tage, Krankenversicherung, die Altersversorgung und eine Gewinnbeteiligung. Wer gewinnabhängige, großzügige Prämien bekommt, wird wie ein Eigentümer zu denken anfangen. Geben Sie also einen Teil Ihrer Gewinne an die Beschäftigten weiter, und Ihre Firma wird auf längere Sicht florieren und auch den Eigentümern mehr einbringen. Durch solche Gewinnbeteiligung gewinnen alle Beteiligten. Berücksichtigen Sie dabei unbedingt jeden Ihrer Mitarbeiter. Wenn die Firma einige Jahre lang profitabel gewesen ist und ein ordentliches Eigenkapital angesammelt hat, gibt es die Möglichkeit, einen Beteiligungsplan einzurichten, nach dem ein Teil des Unternehmens den Beschäftigten übertragen wird. Sorgen Sie dafür, dass jeder Mitarbeiter Anteilseigner wird.

Wenn man mit Menschen im Unternehmen schlecht umgeht, leidet das ganze Unternehmen. Wenn der Mitarbeiter negative Energien im Unternehmen verströmt, erleidet es Verluste. Ein einfacher Trick ist, aus Problemen Wünsche zu machen. Jedes Mal, wenn es Ihnen gelingt, einen Mitarbeiter, der mit einem Problem, mit einer Befürchtung, mit einem negativen Gedanken zu Ihnen kommt, zu fragen »Wie würden Sie es sich wünschen?«, wenden Sie seine Gedankenrichtung ins Positive und Konstruktive.

Es scheint fast überflüssig zu sagen, dass man als Unternehmer immer repräsentiert und sich in der Öffentlichkeit dementsprechend benehmen sollte. Ihre Wortwahl, Ihr äußeres Erscheinungsbild und Ihre Handlungen formen eins zu eins die Einschätzung durch Ihre Kunden. Jede Geschäftsfrau und jeder Geschäftsmann muss bei allen Taten mitbedenken, wie sich diese auf das Image auswirken werden. Dementsprechend sollten Sie alle Menschen rund um sich gut behandeln. Auch Diskretion gehört dazu.

Wenn jemand von einem Problem erzählt, kann man gleich versuchen, sich eine Lösung dazu einfallen zu lassen. Dazu könnte auch gehören, ihn an einen seiner Freunde weiterzuvermitteln, von dem man sich die entsprechenden Kenntnisse verspricht, die man selbst nicht hat. Das Erste, was Sie denken, wenn Ihr Gegenüber ein Problem erwähnt, könnte sein »Wie kann mein Netzwerk hier helfen?« Haben Sie eine Idee, können Sie sofort jemanden anrufen und einen Kontakt herstellen. Oder Sie schreiben eine E-Mail. Erklären Sie den beiden Partnern, die Sie zusammen bringen wollen, das Problem. Schaffen Sie die Verbindung. Was immer auch dann geschieht, beide Partner werden zufrieden sein, weil Sie für sie etwas aktiv getan haben, dass Sie an sie gedacht haben. Gerade wenn Sie es nicht deshalb machen, wird es sich lohnen. Wenn Sie sich wirklich für den Erfolg anderer interessieren und einsetzen, macht Sie das automatisch erfolgreich.

Wenn Sie jemanden näher kennen lernen wollen und sich mit diesem Menschen einige Zeit unterhalten, werden Sie früher oder später herausfinden, welche Kraft ihn antreibt. Akzeptieren Sie dieses Motiv und nehmen Sie Anteil an dem, was Ihrem Gegenüber wichtig ist. Helfen Sie dabei, seine Berufung herauszufinden, wenn es sich um eine Menteé handelt, oder unterstützen Sie die innere Mission eines Geschäftspartners.

Ein guter Weg, Menschen dazu zu bringen, etwas zu tun, ist, ihre Wichtigkeit zu bemerken und sie dadurch dazu zu bringen, sich wichtig zu fühlen. Jeder Person tiefster und lebenslanger Wunsch ist es, in irgendeiner Weise einen sinnvollen Beitrag zu leisten und anerkannt zu werden. Diese Motive sind universell, zeitlos und an ihnen ändern auch technische Neuerungen nichts.

Einige Regeln für das Aufrechterhalten von Netzwerkverbindungen haben wir schon besprochen. Doch nicht nur die Häufigkeit der Kontaktpflege, sondern auch die Passung und Stimmigkeit machen es aus. Deshalb möchten wir auch auf den Aspekt der Fürsorglichkeit unseren engen Kontaktpersonen gegenüber eingehen. Wer sich wirklich für die Bedürfnisse anderer interessiert und sich für sie einsetzt, kann anderen zum Erfolg verhelfen. Dazu müssen wir diese Bedürfnisse des anderen erst kennen. Oft handelt es sich bei Problemen um solche im Bereich Gesundheit, Wohlstand und Kinder. Wenn Sie jemandem in diesen Fällen beistehen und helfen können, werden Sie tiefe Dankbarkeit und lebenslange Loyalität ernten.

Die besten Beziehungen, geschäftliche und private, lassen sich beim gemeinsamen Essen schmieden. Nicht umsonst sagt ein volkstümliches Sprichwort »Essen und Trinken bringen die Leute zusammen«. Wenn Sie ein Abendessen geben, so beginnen Sie zuerst einmal mit sechs bis zehn Gästen. Nicht jeder wird zusagen können wegen Terminproblemen. Vielleicht haben manche nur zu Beginn auf einen Aperitif oder nur am Ende des Abendessens Zeit, um etwa das Dessert und einen Cocktail einzunehmen.

Jeder der Eingeladenen kennt sicherlich jemanden, der älter, erfahrener und weiser ist. Seien es gute Freunde der Eltern, Mentoren, alte Lehrer oder sonstige Bekannte. Wenn man eine geeignete Person herausgefunden hat, so sollte man versuchen, sie zu einer solchen Abendessenrunde einzuladen. Dies kann sehr gute Auswirkungen haben, probieren Sie es einmal aus.

Es ist wesentlich, dass Sie relevante Informationen über Ihre Kunden haben. Ausgerüstet mit dem richtigen Wissen können Sie besser verkaufen, managen, motivieren und verhandeln und konkurrenzlos werden. Die Lebensumstände Ihrer Kunden zu kennen, bedeutet zu wissen, was Ihre Kunden wirklich wollen. Überlegen Sie, was Sie über Ihre Kunden wissen müssen, um ihnen wirklich mit Ihren Produkten dienen zu können. Denken Sie über jeden Kunden nach, versuchen Sie, ihn zu verstehen. Es mag sein, dass es nur Ihr Produkt ist, was der Kunde will, aber es kann gut sein, dass er mehr als das braucht: Aufmerksamkeit, Respekt, Vertrauen, Freundschaft und Hilfe, all das, was wir als menschliche Wesen dringend benötigen.

Ebenso wichtig wie eine gute Kaufberatung ist die anschließende Betreuung der Kunden. Fachgeschäfte haben hier die Chance, deutliche Imagegewinne gegenüber Diskontern zu erzielen, indem sie von sich aus aktiv werden. Mit einem Telefonanruf einige Tage nach dem Erwerb lässt sich leicht klären, ob der Kunde mit dem Produkt zufrieden ist, ob es Probleme bei der Bedienung gibt und ob vielleicht eine tiefer gehende Einführung nötig ist. Dies lässt sich bei jedem Produkt anwenden. Durch die vorbeugende Besorgnis wird vermieden, dass sich Ärger beim Kunden aufstaut. Der Käufer wird Dankbarkeit empfinden und das Geschäft lobend im Freundes- und Bekanntenkreis erwähnen. Nachsorge erweist sich in diesem Fall als die beste Vorsorge für zukünftige Geschäftsbeziehungen.

Den ›Fragebogen ZUFRIEDENHEIT‹ können Sie Kontaktpersonen jener Firmen aushändigen, von denen Sie Waren oder Dienstleistungen beziehen, um deren Zufriedenheit mit Ihrem Unternehmen zu überprüfen.

Das ›Arbeitsblatt KUNDEN KENNEN‹ wird Ihnen dabei helfen, ein Profil jedes Kunden zu erstellen. Schauen Sie, hören Sie zu und erfahren Sie alles über Ihre Kunden. So werden Sie auch leicht Themen für die Konversation mit ihm finden.

Ein schönes Beispiel für unternehmerische Fürsorglichkeit finden wir bei der Firma SPREITZER BAU.

Beispiel
Spreitzer Bau, Ybbsitz www.spreitzer-bau.at

Spreitzer Bau ist ein seit 40 Jahren tätiges Kleinunternehmen in Niederösterreich. Die Website bietet gut aufbereitete Informationen über die Leistungspalette, über die Firmengeschichte und über die Unternehmenskultur. Man merkt: Das Wohlbefinden der Mitarbeiter wird groß geschrieben. Soziale Sicherheit, Weiterbildung, Teamentwicklung sowie gemeinsame Feiern sind Ausdruck davon. Ebenso wird Verantwortung wahrgenommen, sowohl in sozialen, als auch in ökologischen und ökonomischen Bereichen.

Frau Christa Spreitzer, zuständig für die Personalentwicklung, widmet sich ihren Mitarbeitern mit sehr viel positiver Energie: *»Ich finde der Mensch hat einen sehr, sehr hohen Stellenwert in der Wirtschaft. Ohne Menschen gäbe es keine Wirtschaft. Er kann ein enormer Motor für die Wirtschaft sein, wenn er gut motiviert ist. Der Mensch ist der sensibelste Kostenpunkt in einem Unternehmen, daher ist sehr gut auf die Motivation und die Rahmenbedingungen zu achten. Gleichzeitig gilt es auch den Mitarbeiter auf ihre Eigenverantwortung hinzuweisen. Er selbst trägt einen wesentlichen Teil zu seiner Motivation bei.«*

»Es sollte dem Menschen auf jeden Fall wieder der Wert gegeben werden, der ihm zusteht. Gelebte Menschlichkeit soll auch in den Firmen wieder einen viel höheren Stellenwert bekommen. Gelebte Werte in Firmen erzeugen eine positive Firmenkultur und motivierte Mitarbeiter.«

»Die Mitarbeiter merken, dass mir jeder einzelne wichtig ist, dass mir seine Meinungen wichtig sind, sein Wohlergehen und sein Lebensweg. Denn es ist für jeden Menschen wichtig, gesehen und wertgeschätzt zu werden. Weiterbildung als Unternehmerin bedeutet für mich vor allem die Entwicklung der Persönlichkeit«

Eine unabhängige regionale Umfrage hat eine besonders hohe Zufriedenheit der Kunden festgestellt. Diese wird auch darauf zurückgeführt, dass die Mitarbeiter positiv motiviert und eigenverantwortlich ihre Arbeit verrichten.

Fragebogen
ZUFRIEDENHEIT

?

Note

In den geschäftlichen Beziehungen mit Firma

(Name des Unternehmens)
habe ich die folgenden Erfahrungen gemacht:
(Bitte geben Sie uns Schulnoten:
1 – Sehr gut, 2 – Gut, 3 – Befriedigend, 4 – Genügend, 5 – Nicht genügend)

Erreichbarkeit:	
Pünktlichkeit beim Bezahlen der Rechnungen	
Höflichkeit	
Zuverlässigkeit und Termintreue	
Fähigkeit, Probleme zur Zufriedenheit zu lösen	
Sorgfältigkeit im schriftlichen Geschäftsverkehr	
Wahrung der Diskretion	
Generelle Vertrauenswürdigkeit bei allen Geschäften	
Bemerkungen:	

Arbeitsblatt
KUNDEN KENNEN   ✓

Datum:

Kundenname:

Firmenname:

Adresse:

Firmenadresse:

Telefon:

Firmentelefon:

Geburtstag:

Bildung:

Titel:

Interessen, geschäftlich und privat:

Name des Lebenspartners:

Interessen des Lebenspartners:

Kinder, Name, Alter:

Interessen der Kinder:

Arbeitsblatt
KUNDEN KENNEN

Worauf ist der Kunde stolz?

Hat der Kunde hohe ethische Ansprüche?

Hat der Kunde Probleme?

Wenn ja, kann ich zu Lösungen der Probleme beitragen?

Vom Kunden bevorzugte Orte für Geschäftsessen sind:

Wer kennt den Kunden/die Kundin noch?

Wie ist meine Beziehung zum Kunden?

Gesprächsthemen für Smalltalk:

Vertrauliche Themen:

Urlaubsgewohnheiten:

Auto:

Ist der Kunde kontaktfreudig?

Wer könnte den Kunden interessieren?

Wen könnte der Kunde interessieren?

Die Welt hat genug für jedermanns Bedürfnisse,

7. Stärke:
Streben nach Güte

*Anteilnahme, Aufgeschlossenheit, Aufmerksamkeit,
Entgegenkommen, Freundlichkeit, Gutmütigkeit,
Herzensgüte, Hilfsbereitschaft, Liebenswürdigkeit,
Nächstenliebe, Selbstlosigkeit, Wohlwollen, Zuneigung,
Wohltätigkeit, Großzügigkeit, Bereitwilligkeit,
Duldsamkeit, Nachgiebigkeit, Toleranz, Uneigen-
nützigkeit, Freigebigkeit, Behutsamkeit, Rücksicht,
Verständnis, Aufgeklärtheit*

Die Welt hat genug für jedermanns Bedürfnisse,
aber nicht genug für jedermanns Gier.

Mahatma Gandhi

Gütig zu sein bedeutet, großzügig zu sein und den Menschen beistehen zu wollen. Zu viel Großzügigkeit ist weitaus besser als Kleinlich-
keit, zu viel Freizeit ist besser als zu wenig, zu viele Nebenleistungen
sind besser als zu wenige. Man ist lieber ein bisschen zu gemütlich,
als dass der Stress überhand nimmt und man nur noch in Hetze ist.
Zu nachsichtig zu sein ist weitaus besser, als zu streng zu urteilen.

Sobald Sie Gewinne machen, können Sie einen großzügigen
Anteil an diesen Gewinnen an Organisationen verteilen, die sich
für eine bessere Welt einsetzen. Spenden Sie durch die Firma und
als Privatperson. Jede Firma sollte großzügig spenden. Wenn jedes profitable Unternehmen der Welt auch nur fünf Prozent seiner
Gewinne den nicht auf Profit angelegten Hilfsorganisationen und
Umweltverbänden überließe, kaum auszudenken, was das für Auswirkungen haben würde.

Die Aktionäre würde es sicher nicht umbringen, wenn fünf Prozent ihrer Dividenden nicht in ihre eigene Tasche gelangten, sondern guten Zwecken zugute kämen. Und mit diesem Geld würde man Unglaubliches bewirken können. Kleinunternehmer haben den Vorteil, dass sie keine Aktionäre oder Teilhaber zu befriedigen haben. Wenn die Hälfte der Einzelpersonen und der Unternehmen dieser Welt auch nur fünf Prozent ihrer Erträge spenden würden, könnten wir rund um die Welt den Hunger besiegen und die Obdachlosen unterbringen, wir könnten allen Kindern gute Schul- und Hochschulausbildung bieten und die ganze Erde wieder sauber machen. Fangen Sie da an, wo Sie stehen, und tun Sie das, was Ihnen möglich ist. Es fließt alles wieder zu Ihnen zurück, auf vielerlei Wegen.

Wie viel braucht ein Mensch? Das ist doch die Frage. Verschenken Sie den Rest. Bringen Sie das Geld in Umlauf. Unternehmer haben schon viel Gutes in der Welt bewirkt, und sie könnten noch mehr tun. Ausbildungen für bedürftige Kinder finanzieren zum Beispiel. Fangen Sie mit Ihren eigenen Mitarbeitern an, und sorgen Sie gut für sie. Danach können Sie sich andere unterstützenswerte Ansätze suchen.

Wir alle haben unser Eigeninteresse, und das ist gut so. Jeder besitzt seine ganz eigenen Stärken und hat der Welt etwas zu bieten, was kein anderer an seiner Stelle leisten könnte. Dieses Eigeninteresse ist absolut notwendig, wenn wir verwirklichen wollen, was in uns steckt, wenn wir unser Lebensziel erreichen wollen. Leben Sie Ihr eigenes Leben und ermöglichen Sie dies auch Ihren Mitmenschen.

Aber wer ein bisschen Einsicht besitzt, wird auch sehen, dass er sein Ziel nur erreichen kann, wenn er anderen nach besten Kräften dient und sie beim Erreichen ihrer Ziele unterstützt. Geld ist sicher nicht das Maß für den Wert eines Menschen, es gibt so viel wichtigere Dinge. Was für eine Qualität unser Leben hat, wie wir andere behandeln und unsere Umwelt behandeln, womit wir anderen dienen, wie viel Liebe und Verständnis wir für sie aufbringen, wie wir unserem Lebenszweck folgen und ihn erfüllen, was wir an Positivem für die Menschen und die Welt leisten. Das sind die Dinge, auf die es wirklich ankommt im Leben. Das ist der Maßstab für den Wert eines Menschen. Die Worte, die man sich einprägen und im Geschäftsleben umzusetzen versuchen muss, sind Liebe, Verständnis, Toleranz und Großzügigkeit für sich selbst und für andere. Erfolgreiches Unternehmertum ist auf Dienst an anderen gebaut. Sie können Ihre Berufung nur erreichen, wenn Sie anderen nach besten Kräften dienen und sie beim Erreichen ihrer Ziele unterstützen. Je mehr Sie geben, desto mehr bekommen Sie zurück und nicht allein Geld. Sie werden auch andere und wichtigere Dinge bekommen: Befriedigung, Erfüllung, Freude und Liebe. Verwandeln Sie Ihre Stakeholder in Partner und belohnen Sie diese großzügig.

Ziel des Netzwerkens darf niemals sein, einfach das zu bekommen was man haben will. Nein, es muss immer auf eine win-win Situation hinarbeiten. Das bedeutet, dass Sie Ihre eigenen Ziele anstreben und gleichzeitig sicherstellen, dass andere Menschen in Ihrem Netzwerk ebenfalls bekommen, was sie wollen. Oft bedeutet das, Leute miteinander bekannt zu machen. Sie können das als hochsensible und vielleicht auch schüchterne Person auch in Form einer E-Mail an zwei Empfänger machen. Persönliche Verbindungen bringen es, Oberflächlichkeit ist nicht netzwerken. Sich einfach mit vielen Leuten oberflächlich zu unterhalten, persönlich oder im Internet, ist nicht netzwerken.

Gutes Netzwerken ist, mit jemandem zu sprechen, mit dem man will und nach diesem Gespräch eine dauerhafte Verbindung zu haben. Aber die beste Weise zu netzwerken ist sicherlich, zwei Leute zusammen zu bringen, die einander nicht kennen. Dies hat eine überraschende Implikation: Die Kraft Ihres Netzwerks leitet sich ebenso sehr von der Diversität Ihres Netzwerks ab wie von der Qualität und Quantität. Viele von uns kennen die Leute innerhalb ihres Berufsstands und ihrer sozialen Schicht und kaum mehr. Besser ist es, wenn Sie anstreben, möglichst viele Menschen aus möglichst verschiedenen Welten zu kennen und sich darum bemühen, Brücken zwischen diesen Welten zu schlagen.

Geben Sie in Ihren Netzwerken gerne und reichlich im Rahmen Ihrer Möglichkeiten. Wenn Sie anderen helfen, helfen diese Ihnen ebenfalls. Gegenseitigkeit ist das Wort, das dieses zeitlose Prinzip gut beschreibt. Sich um den Mitmenschen und seine Anliegen kümmern, fürsorglich sein, ist die Basis dieser Gegenseitigkeit. Erfolg in einem beliebigen Bereich, aber speziell im Geschäftsleben ist, gemeinsam mit den Mitmenschen zu arbeiten, nicht gegen sie. Und führen Sie keine Buchhaltung über erwiesene Gefälligkeiten. Dann werden Sie staunen über die unglaubliche Macht der Großzügigkeit.

Nehmen Sie von sich aus sich bietende Gelegenheiten zum Geben wahr und geben Sie, ohne darauf zu warten, darum gebeten zu werden. Bitte beachten Sie aber: Das Streben nach Gewinn unterscheidet einen Geschäftsbetrieb von einer Wohlfahrtseinrichtung. Sie dürfen nicht Ihr gesamtes Guthaben verschenken, sonst bleiben Sie nicht geschäftstüchtig. Natürlich gibt es auch Unternehmen, deren Zweck darin besteht, Individuen und Institutionen zu helfen, ihr Vermögen zu verteilen, doch auch diese Unternehmen müssen von ihrer Tätigkeit leben können.

Beachten Sie des Weiteren, dass Sie sich nicht von jemandem ausnutzen lassen, der Ihre Großzügigkeit mit Vorsatz missbraucht. Wenn sich jemand immer wieder Geld von Ihnen borgt und Sie mit der Rückzahlung hinhält, wenn jemand seine Zusagen hinauszögert und nicht einhält, so sollten Sie nicht so gutmütig sein, sich wissentlich großzügig oder immer wieder im guten Glauben hereinlegen und übel behandeln zu lassen. Hier empfehlen wir Ihnen, Schritte zur Klärung der Lage zu setzen. Anstatt Vertrauen endlos aufrechtzuerhalten, überprüfen Sie die Fakten. Zeichnen Sie die Geschehnisse zur Kontrolle genau auf und stellen Sie die Personen zur Rede. Ab dann zählt nicht mehr, was jemand sagt, sondern nur noch, was jemand tut. Mitgefühl und Hilfsbereitschaft sind hier nicht angebracht. Erst wenn dieses Protokoll zeigt, dass die Handlungen sich verbessert haben, können Sie langsam wieder mehr Vertrauen und Großzügigkeit riskieren. Bleiben Sie jedoch auf der Hut, um nicht wieder einem neuen Täuschungsmanöver zu erliegen und neuen Schaden zu erleiden. Denn gerade großzügigen Menschen kann dies leicht geschehen.

Wer nach Güte strebt, ist seinen Mitmenschen wohlwollend ge-sinnt, möchte sich ihnen zuwenden, ihnen helfen und von Nutzen für sie sein. Mit Ihrem Unternehmen können Sie die Menschen un-terstützen und ihnen dienen. Wenn Sie aus diesen Gründen Ihre Energie in ein Unternehmen stecken, so entstehen dem Unterneh-men und natürlich auch seinen Kunden dadurch viele Vorteile.

Sich im Geschäftsleben zu engagieren, kann eines der schöns-ten Abenteuer unseres Lebens sein. Dieses Abenteuer kann des-halb so erfüllend und lohnend sein, weil es den Menschen auf ganz besondere Weise die Möglichkeit gibt, einander zu dienen. Dienen ist jener bewusste Akt, mit dem wir anderen Menschen unsere Begabungen, Ressourcen und unsere Unterstützung an-bieten.

Die meisten von uns, die das Dienen als außerordentlich wichtig empfinden, tun das aus einem sehr tiefen inneren Gefühl heraus. In jenen seltenen Augenblicken, in denen wir unseren Egoismus hin-ter uns lassen, verspüren wir einen großzügig sprudelnden Quell der Güte, der andere an seiner überfließenden Fülle teilhaben lässt.

Das Geschäftsleben bietet eine Vielfalt von Möglichkeiten, den unterschiedlichsten Menschen mit den verschiedensten Wertvor-stellungen behilflich zu sein. Wir können dies auch still und unauf-fällig tun. Ein Handwerker dient anderen Menschen, indem er seine Arbeit sorgfältig und mit ganzem Herzen ausführt. Wenn alles per-fekt funktioniert, profitieren die Kunden davon. Manager können den Menschen dienen, indem sie Arbeitskräfte mit den erforderli-chen Fähigkeiten einstellen und führen. In der Geschäftswelt gibt es viele verschiedene Formen des Dienstes am Menschen.

Viele Menschen brauchen irgendwann in ihrem Leben einen Coach, der etwas von ihrem Gebiet versteht, um weiterzukommen. Ein Mentor ist ein Coach, der seine Erfahrungen und sein Wissen un-entgeltlich zur Verfügung stellt. Mentoring ist eine der effektivsten Strategien, aus jemandem das beste herauszuholen. Es ist ein innovatives Instrument, dessen Grundbaustein die direkte und exklusive Beziehung zwischen Menteé und Mentor ist. Der Mentor unterstützt den ihm vertrauenden, meist jüngeren Menschen dabei, seine Persönlichkeit weiter zu entwickeln und seine Fähigkeiten auszubauen. Der Mentor verfügt über Erfahrungen und Wissen, die der Jüngere noch nicht sammeln konnte. Dieses Wissen wird in regelmäßigen Gesprächen weitergegeben. Mentoring beinhaltet auch individuelle Beratung und Feedback, Karriereförderung und Unterstützung beim Netzwerkausbau. In den letzten Jahren aus den USA importiert haben sich Mentoring-Programme im deutschsprachigen Raum in kürzester Zeit eine erstaunliche Akzeptanz geschaffen und werden seit einigen Jahren in Wirtschaft, Wissenschaft, Bildung und Politik eingesetzt.

Viele hochherzige Menschen verspüren die Motivation, für Jüngere die Rolle eines Mentors zu übernehmen. Hier gibt es die Möglichkeit, wirklich etwas zu bewirken. Mentoring ist ein selbstloses Ritual, bei dem man regelmäßig Zeit mit einem jungen Menschen verbringt, und ihm hilft, berufliche und private Prioritäten zu setzen. Beim ersten Kontakt zeigt sich sehr schnell, ob Mentor und Menteé zusammenpassen. Ist das Ritual einmal eingeführt, will es keiner der Beteiligten mehr vermissen. Sind Sie einmal Mentor, werden Sie viele Treffen damit verbringen, einfach zuzuhören. Sie werden nicht nur Ratschläge geben, wie man in schwierigen Situationen die Kontrolle behalten kann, sondern auch Ihrem Gesprächspartner helfen, seinen Selbstwert zu erkennen. Sie werden die Belohnung schätzen, die Sie daraus schöpfen werden, denn Sie werden viel mehr zurück bekommen, als Sie investiert haben. Auch Menteés wollen den Gedanken des Mentoring weitertragen und sind bereit, ihrerseits Mitmenschen zu fördern und konkret zu helfen.

Um gütig zu werden, müssen wir unsere Bedürfnisse einem Ziel unterordnen, das über unsere Eigeninteressen hinausweist. Weil wir unsere eigenen Bedürfnisse häufig als dringend empfinden, kann eine verlagerte Aufmerksamkeit Ängste auslösen. Es kann sein, dass Sie sich fragen, wer sich denn um Sie kümmert, wenn Sie Ihre Aufmerksamkeit auf andere richten. Die Bereitschaft, die eigenen Interessen weniger wichtig zu nehmen, um anderen Menschen zu dienen, erfordert schon auch einen gewissen Mut. Die Zurücknahme des Eigeninteresses zu Gunsten von etwas, das über uns hinausweist, mag anfangs bedrohlich wirken, gleichzeitig kann es jedoch lohnend sein, als eine Möglichkeit, eine tiefere Bedeutung und ein größeres Selbstwertgefühl zu erfahren. Stellen Sie also Ihre Zeit, Ihre Aufmerksamkeit und Ihr Wissen zur Verfügung: Das wird Sie glücklich machen!

Power-Technik:
SO WERDEN SIE NOCH GROSSZÜGIGER!

Großzügigkeit ist ein zentraler Punkt für ein erfolgreiches Geschäftsleben – vielleicht nicht notwendigerweise um finanziell erfolgreich zu werden, doch sicherlich, um einen Erfolg auch subjektiv genießen zu können. Deshalb empfiehlt sich ein mehrschichtiger und gründlicher Ansatz, um sich zu einem noch großzügigeren Menschen zu entwickeln.

Nehmen Sie sich als ersten Schritt ein Blatt Papier, und werden Sie in Ihrer Phantasie supergroßzügig. Stellen Sie sich vor wie es wäre, der großzügiste Mensch zu sein, den Sie sich nur vorstellen können. Achten Sie dabei vor allem auf Ihre Gefühle, und notieren Sie diese. Schenken Sie zusammengesetzten Emotionen besondere Aufmerksamkeit, und notieren Sie die einzelnen Komponenten untereinander. Am Ende dieser kleinen Übung sollten Sie eine Liste mit unterschiedlichen negativen und positiven Gefühlen vor sich haben.

Ehe Sie mit dieser Liste weiter arbeiten, empfehlen wir auch hier eine Neutralisierung von eingefahrenen Verhaltensmustern. Am schnellsten lässt sich dies oft erreichen, indem Sie sich an eine Situa-

tion erinnern, in der Sie spontan sehr großzügig gewesen sind, und
an eine, in der Sie sich ungewöhnlich egoistisch und auffällig nicht-
großzügig erlebt haben. Sie können diese beiden Situationen vergleichen, mit Ihrer Aufmerksamkeit zwischen ihnen hin und her pen-
deln und Ihre Reaktionen beobachten und liebevoll annehmen. Es
ist sehr empfehlenswert, diesen Gegensatz mit der bereits beschriebenen ›DP3-Persönlichkeitsgestaltung‹ zu bearbeiten.

Danach – bzw. realistischerweise oft in der nächsten Sitzung – nehmen Sie sich die Liste wieder zur Hand, und markieren alle Punkte, die verständlicherweise einen Menschen daran hindern könnten,
großzügig zu sein: alle Ängste, allen voran jene um die Existenz oder
den guten Ruf; klarerweise auch Wut, Zorn, Zerstörungslust und
alle anderen Formen von Aggression oder Autoaggression, wenn-
gleich diese Emotionen sicherlich nicht bei allen Menschen spürbar
werden in diesem Zusammenhang, und wenn dann nur sehr leise;
auch falls Neid, Schmerz, Scham oder Trauer aufgetaucht sein sollten bei Ihren Phantasien der Großzügigkeit gehören diese markiert,
denn das sind Gefühle welche die meisten von uns um hohen Preis
vermeiden möchten – wenn sie also mit Großzügigkeit verknüpft
sind, wird auch diese vermieden.

Dann gehen Sie die Liste ein zweites Mal durch, und markieren
Sie auch noch alle sogenannt positiven Gefühle, die Sie von einer
anspruchsvollen ethischen, religiösen oder spirituellen Warte her
für nicht unbedenklich halten – beispielsweise Stolz, Herablassung,
Überlegenheitsgefühle, etc. bzw. solche Untertöne. Viele Menschen
stellen sich selbst mehr oder weniger tief drinnen genau solche hohen
ethischen Ansprüche – das soll nicht nur respektiert, sondern auch
berücksichtigt werden.

Die nächsten Schritte können daraus bestehen, jedes einzelne der
markierten Gefühle durch Druck und Beatmung sowie durch anschließendes Klopfen der 7 Meridianpunkte zu behandeln, so wie
das unter ›Selbstbehandlung mittels Meridian-Therapien‹ beschrieben wurde. Wir empfehlen, dabei so gründlich wie möglich zu sein,
es zahlt sich wirklich aus. Bearbeiten Sie nicht mehr als zwei oder

drei Gefühle pro Sitzung. Wenn Sie Ihre Liste abgearbeitet haben, beginnen Sie von vorne: phantasieren Sie sich als besonders großzügig, und notieren Sie alle dabei spürbaren Gefühle und Untertöne. Klassifizieren und behandeln Sie diese verbliebenen oder neuen Aspekte wie gehabt. Nehmen Sie sich dafür Zeit, seien Sie so ehrlich wie möglich, und seien Sie gründlich. Die Früchte dieser Mühen werden spürbar und in vielen Fällen verblüffend sein.

Eine schöne Variante von Großzügigkeit finden wir dort, wo sowohl Geld als auch die eigene Expertise für Hilfsprojekte zur Verfügung gestellt werden, wie im folgenden Beispiel:

Beispiel
›Wärme für Kinder‹

www.waerme-fuer-kinder.de
www.der-rote-hahn.de

›Wärme für Kinder‹ ist eine wohltätige Initiative von über 170 Kachelofenbauern aus ganz Deutschland, die sich in der Markengemeinschaft »Roter Hahn eG« zusammengeschlossen haben. ›Wärme für Kinder‹ wurde 2001 ins Leben gerufen und hat zum Ziel, in Kinderheimen und Behindertenheimen in Osteuropa, in denen zum Teil baulich katastrophale Zustände herrschen, kostenlos einen Kachelofen zu installieren sowie eine Heizungsanlage, die vom Kachelofen versorgt wird. Durch die Initiative wurden bereits Projekte in Bulgarien, Rumänien, Lettland und Litauen verwirklicht.

Dazu die Initiatoren:

»Was in Mitteleuropa selbstverständlich ist – geheizte Räume, warmes Wasser zum Baden und Duschen –, ist für viele Kinderheime, Behinderteneinrichtungen und Tageszentren in Osteuropa purer Luxus.

Einem Kinderheim der Pokrov Foundation in Sofia schenkten die »Roten Hähne« ein ganz besonderes Heizsystem. Es trägt den Namen »Heiz-Wasser-Marsch«, basiert auf Holzfeuerung und ist damit ideal geeignet Häuser zu versorgen, die auf der Grundlage nachwachsender Rohstoffe ökologisch und ökonomisch sinnvoll beheizt werden sollen.

Die Kachelofenbauern arbeiten mit anderen deutschen Gewerbebetrieben sowie mit regionalen Initiativen und internationalen Hilfsorganisationen zusammen, um die Lebensbedingungen der Menschen in ›ihren‹ Projekten auf verschiedenen Ebenen zu verbessern. Bewusstsein wird geschaffen, Sach- und Geldspenden werden gesammelt, und der Kontakt mit den Heimen und ihren Bewohnern wird teilweise langfristig aufrecht erhalten.«

Die Website der Markengemeinschaft Roter Hahn bietet seinen Mitgliedern einen gemeinsamen Webauftritt. Kunden und Interessenten finden viele Informationen und ein breites Serviceangebot rund ums Thema Heizen mit Holz.

8. Stärke:
Bescheidenheit

Anspruchslosigkeit, Bedürfnislosigkeit, Einfachheit, Genügsamkeit, Zufriedenheit, Zurückhaltung, Unaufdringlichkeit, Understatement

Bescheidenheit ist der Anfang aller Vernunft.

Ludwig Anzengruber

Wer über ein gutes Netzwerk verfügt, beginnt manchmal, sich selbst aufgrund der zahlreichen Kontakte und der Macht seiner Freunde zu überschätzen. Das ist eine Gefahr, die im Auge zu behalten ist. Nichts funktioniert immer, schon gar nicht immer gleich schnell und leicht, und auch das beste Netzwerk kann gerade dann versagen, wenn man es dringend braucht. Dann erhält man nicht den dringend benötigten Rückruf. Der Netzwerkpartner hat eine Vereinbarung oder ein Versprechen ganz einfach vergessen. Man hat sich vielleicht nicht klar genug ausgedrückt, was man von ihm braucht und wann. Man erleidet Schaden in Form einer Minderung des guten Rufs.

Es kann ganz schön schwierig werden, wenn man durch seinen Erfolg so stolz geworden ist, dass man ein Misslingen, ein Vergessen anderer, einen Fehler, den man selbst begeht, nicht mehr so leicht verkraftet wie vielleicht zu Beginn der Erfolgslaufbahn. Man ist beschämt vor seinen Freunden und vor sich selbst. Doch auch aus einem solchen Erlebnis lernt man eben, wenn man es richtig macht, und man wird dem Fehler dafür dankbar sein.

Die hochsensible Person neigt aber ohnehin nicht dazu, sich selbst zu viel zuzutrauen, selbst wenn sie schon viele Situationen erfolgreich überstanden und gemeistert hat. Es ist eine Gratwanderung, nicht alles für zu selbstverständlich zu nehmen, aber sich trotzdem auch stets seines eigenen Wertes bewusst zu sein, den die zahlreichen positiven Ereignisse bezeugen. Seien Sie auf keinen Fall zu bescheiden, um von der hohen Qualität und Exzellenz Ihrer eigenen Produkte überzeugt zu sein. Sonst wird das Folgende schwierig.

> Bescheidenheit beinhaltet auch, die Rolle zu erfüllen, die wir uns ausgesucht haben, selbst wenn dies nicht genau unserer Vorstellung von unserem wahren Wesen entspricht. Oft wird ein bestimmtes Auftreten für die Erreichung wichtiger Ziele notwendig sein.

Dass Sie selbst der Meinung sind, die hochwertigsten Angebote zu haben, ist die Voraussetzung dafür, anderen Menschen diese Auffassung nahe zu bringen. Auf welche Gruppe Sie sich zunächst konzentrieren, haben wir bereits besprochen. Um es beurteilen zu können, wie gut Ihre Waren sind, müssen alle diese Personen genügend Informationen erhalten, um zu wissen, was genau Sie unter den anderen im gleichen Feld hervorstechen lässt.

Investieren Sie also viel Energie, Ihren Freunden, Kunden und Interessenten ausreichend Informationen in die Hand zu geben, die sie in die Lage versetzen, die Produktqualität Ihrer Firma selbst beurteilen zu können.

Um sie damit nicht zu langweilen, denken Sie sich eine unterhaltsame Geschichte aus, die sich jenseits von ›Weißer-Größer-Schneller-Schöner‹-Klischees abspielt. Wir alle lieben gute Geschichten und sind eher geneigt, ein solches Produkt zu kaufen und weiterzuempfehlen, mit dem uns Amüsantes oder Erstaunliches mitgeliefert wird.

Auf alle Fälle sollten Sie genug Information bereitstellen, dass sich der Kunde selbst ein Bild über alle Details eines Produkts machen kann. Was auch immer Ihr Produkt ist, Sie können eine beschreibende Broschüre über Ihre Angebote erstellen, ausführliche Darstellungen Ihrer Marke, Handbücher, Bedienungsanleitungen, Manuals oder auch nur Informationsblätter. Je mehr der Kunde in die Hand bekommt, desto besser ist es, und Ihrem Vorhaben, ihm allgemeines Wissen über Ihr Sachgebiet nahe zu bringen, ist keine Grenze gesetzt, es sei denn, der Kunde selbst wünscht dies nicht.

Das ›Arbeitsblatt KUNDENINFORMATION‹ erleichtert Ihnen dieses Vorhaben.

Am nächstliegenden ist es, die Kunden über besondere Eigenschaften Ihrer Produkte oder Dienstleistungen zu informieren. Sie erklären diese speziellen Merkmale, sodass der Kunde sie leicht beurteilen, und mit den Merkmalen anderer Produkte vergleichen kann. Dies ist auch wichtig bei Dienstleistungen, und hier sollten Sie eine genaue Aufstellung geben, sodass er schriftlich in der Hand hat, was Sie alles tun und wofür Sie wie viel berechnen inklusive Telefongesprächen und Wegzeit. Es sollte ihm bewusst sein, dass Ihre Arbeitszeit wertvoll ist.

Sie können dem Kunden auch Kritiken aus Konsumentenmagazinen oder Zeitungen über Ihr Unternehmen in die Hand geben, falls Sie darin gut wegkommen. Dies erhöht Ihre Glaubwürdigkeit, da Sie diese Wertungen ja nicht direkt beeinflussen können. Zeitungsartikel sind auch gut geeignet für den Fall, dass Ihre Kunden Sie weiterempfehlen wollen. Markieren Sie Ihre hervorragend bewerteten Produkte dementsprechend. Auch im Internet gibt es viele Bewertungsseiten, auf die Sie gegebenenfalls verweisen können. Oder bieten Sie eine Produktbewertungs- oder Kundenzufriedenheitsseite für Ihre Waren auf Ihrer eigenen Website an.

Die Kunden mittels der Rückmeldungen zufriedener Kunden wissen zu lassen, wie gut Ihre Produkte sind, ist eine noch effektivere

Methode, als es ihnen selbst zu erzählen. Ebenso wichtig sind die Meinungen der führenden Fachleute auf Ihrem Gebiet, der wichtigsten Angestellten und angesehener Konkurrenzfirmen. Es ist extrem wichtig, besonders für Dienstleistungsunternehmer, dass sie mit ihren Mitbewerbern einen offenen und respektvollen Umgang pflegen.

Das ›Arbeitsblatt BEWERTUNG‹ sowie das ›Arbeitsblatt EMPFEHLUNGEN‹ wird Ihnen bei der Strategie helfen, Ihre Kunden über die Wertschätzung Ihres Unternehmens durch andere zu gewinnen.

Des Weiteren können Sie natürlich auch Kurse und Workshops anbieten, in denen Interessenten und Käufer in die Anwendung Ihrer Produkte eingeführt und bei den ersten Anwendungen begleitet werden. Dieses Verfahren empfiehlt sich besonders in neuen Geschäftsfeldern.

Wenn Sie bedürftig sind, Unterstützung oder Protektion zu bekommen, scheuen Sie sich nicht, jemanden darum zu bitten, den Sie für geeignet halten. Akzeptieren Sie es aber auch, wenn Sie eine Ablehnung bekommen.

Ein Unternehmen mit bescheidenem Betriebskapital zu gründen oder Marketing mit geringen finanziellen Mitteln zu betreiben kann seine Vorteile haben. Denn wenn Ihr Hauptziel beim Gründen und Betreiben eines Unternehmens darin besteht, anderen Menschen zu dienen, werden Sie erfolgreicher sein, wenn Sie mit einem Minimum an Kapital beginnen. Die Minimierung des Startkapitals hat die Maximierung anderer unternehmerischer Elemente wie schnelles Reagieren auf den Markt, sorgfältige Beachtung von Details und Innovationsbewusstsein zur Folge. Die Idee, mit wenig Kapital zu beginnen, läuft der in den meisten Wirtschaftsfachschulen vorherrschenden Meinung und den in fast allen Handbüchern für Existenzgründer gegebenen Ratschlägen zuwider. Das Scheitern von Kleinunternehmen wird am häufigsten mit ungenügender Kapitalisierung begründet. Jedoch dient ein angeblich zu geringes Betriebskapital in vielen Fällen nur als Ausrede für die eigene Unfähigkeit, die wirklichen Erfordernisse des Marktes sensibel wahrzunehmen. Ein Zuviel an Kapital kann daher ein größeres Problem verursachen als zu wenig davon. Unternehmen, die mit wenig Kapital starten, sind gezwungen, aufmerksam zu beobachten, was um sie herum vorgeht, und sich immer wieder auf die Erfordernisse und Bedürfnisse ihres Umfeldes einzustellen.

Wer mit wenig Eigenkapital ein Unternehmen gründet, hat gewöhnlich sehr viel Eigenleistung und Gefühl in sein Geschäft investiert und reagiert deshalb sofort, wenn sich ihm die Gelegenheit zu einer kleinen positiven Veränderung bietet. Sei es eine Änderung des Schaufensters auf Hinweis eines Kunden oder eine Korrektur eines Preises, die man sofort durchführt. Korrekturen sind immer wieder notwendig, schon allein deshalb, weil sich die Umwelt laufend ändert und man darauf reagieren muss. Hat man zu viel Kapital, ist man leichter träge und glaubt, sich auf seinem Kapitalpolster ausruhen zu können. Wenn man über ein großes Kapital verfügt, übersieht man leicht die sich ununterbrochen ändernden Erfordernisse des Marktes. Die Vorteile geringen Kapitals sind, dazu anzuregen, neue, originelle Ideen zu entwickeln. Wenn Sie über wenig Kapital verfügen, sind Sie auf die Hilfe Ihres Umfeldes angewiesen, und diese Notwendigkeit beschert Ihnen sowohl wertvolle Rückmeldungen als auch kostenlose Werbung. Hochsensible Personen verstehen sofort, worum es hier geht, weil sie es gewohnt sind, sich auf ihr Hochsensiblen-Netzwerk zu stützen, um in der von ihnen oft als feindlich empfundenen, unsensiblen Umwelt, die sie gewöhnlich vorfinden, zu überleben.

Die laufenden Unkosten sind automatisch niedriger, wenn Sie mit geringem Startkapital einsteigen. Hiermit sind die Fixkosten gemeint, die nicht reduziert werden können wie Miete, Energie- und Wartungskosten. Jene Geldsumme, die anfangs in das Unternehmen investiert wurde, um seine Gründung zu ermöglichen, ist das Betriebskapital. Zu den laufenden Geschäftskosten zählen auch Ihre

verlorenen Zinsen, die Sie erzielen würden, wenn Sie Ihr Betriebskapital angelegt hätten, anstatt es in das Unternehmen zu stecken.
Falls Sie Kapital geliehen haben, kommen die realen Zinsen, die Sie
für dieses Darlehen entrichten müssen, dazu. Je höher die Summe
des ursprünglich investierten Kapitals, desto mehr muss das Unternehmen erwirtschaften, um die Zinskosten zu decken.

Geringes Kapital darf natürlich nicht zu Ausgabenbeschneidung auf
Kosten der Qualität führen. Viele Einzelhandelsgeschäfte benötigen
beispielsweise einen umfangreichen Warenbestand, um den Kunden das Gefühl zu geben, dass ihnen eine große Auswahl an Model-
len und Größen zu moderaten Preisen zur Verfügung steht. Ist das
neue Unternehmen zu klein, um die realen Bedürfnisse der Kundschaft befriedigen zu können, werden die Kunden nicht wiederkommen. Ihre Aufgabe als Unternehmer ist es, Marken aufzubauen,
indem Sie die kostenwirksamsten Kommunikations- und Promoti-
ontools wie zum Beispiel die persönliche Weiterempfehlung durch
zufriedene Kunden verwenden.

Sollten Sie die Gründung eines Kleinunternehmens durch Kredite
von Banken finanzieren? Nein, auf keinen Fall. Wenn das Kapital
für Ihre Geschäftsgründung nicht von einer Bank stammt, verlieren
Sie im schlimmsten Fall nur Ihr eigenes Geld und Ihre Zeitinvestition. Natürlich verlieren auch die anderen direkt am Geschäft beteiligten Partner ihr Geld und ihre Zeitinvestition. Es bedeutet, dass Sie
und Ihre Freunde wieder als Angestellte für andere arbeiten müssen.
Haben Sie jedoch Schulden bei einer Bank oder öffentlichen Institution, sieht die Situation ganz anders aus. Eine solche Schuldenlast
kann Sie lange Zeit drücken und führt gewöhnlich zu einer emotionalen Belastung, die den Sinn der Geschäftsgründung im Nachhi-
nein fraglich erscheinen lässt. In den meisten Fällen ist dieser Punkt
ohnehin nicht relevant, weil Sie als Mikrounternehmer von einer
Bank oder ähnlichen Institution keinen Kredit erhalten, wenn Sie
nicht von vornherein beträchtliche Vermögenswerte als Sicherhei-
ten anbieten können.

Wenn das Geschäft bereits seit einiger Zeit läuft und neues Kapital für Investitionen in Form von Waren oder Einrichtungsgegenständen benötigt wird, sollten Sie ebenfalls keinen Kredit bei einer Bank aufnehmen. Es ist jedoch der beste Zeitpunkt, um sich Geld von Freunden oder denjenigen Personen zu borgen, die sowieso am Unternehmen beteiligt sind, weil letztere das Wachstum des Unternehmens, das den Einsatz von neuem Kapital rechtfertigt, ja persönlich beobachten können. In manchen Fällen ist es möglich, benötigte Maschinen oder Ausrüstungsgegenstände über Leasing zu finanzieren. Das kann sinnvoll sein, denn falls Ihr Unternehmen scheitern sollte, ist das Schlimmste, was hier passieren kann, dass Sie die Ausrüstungsgegenstände an den Lieferanten zurückgeben müssen.

Auch wenn Sie ein bescheidenes Einkommen haben, müssen Sie dennoch letztlich Gewinn machen. Sie müssen Ihren Lebensunterhalt bestreiten können und dafür Guthaben erwerben. Der ständige Erwerb von Guthaben ermöglicht die Abdeckung der laufenden Unkosten.

Das Interesse am Erwerb von Guthaben im Geschäftsleben bedeutet nicht unbedingt, dass man das Betriebsvermögen tatsächlich vergrößert. Das geschäftliche Umfeld ist oft unberechenbar, was zum Verlust von Guthaben führen kann. Die Bewahrung von Betriebsvermögen während einer inflationären Periode ist oft eine vernünftige Strategie. Machen Sie mehr Gewinn, so können Sie diesen natürlich auch nutzen, um bessere Gehälter zu zahlen oder Ihre Preise zu senken.

Mit den Arbeitsblättern ›KUNDENINFORMATION‹, ›BEWERTUNG‹ und ›EMPFEHLUNGEN‹ können Sie gezielt mit Ihren Kunden kommunizieren.

Arbeitsblatt KUNDENINFORMATION ✓	Ja	Nein
Definition, was Ihr Unternehmen macht, in ca. 35 Worten bzw. drei Sätzen (Ihre USP):		
Der Hauptbereich, in dem das Unternehmen tätig ist:		
Der Hauptnutzen des Kunden ist:		
Mögliche Personengruppen, die ausführlicher über das Unternehmen zu informieren sind:		
Neukunden	☐	☐
Interessenten	☐	☐
Experten in der Branche	☐	☐
Geschäftsleute allgemein	☐	☐
Andere Wenn ja, welche?	☐	☐

Arbeitsblatt KUNDENINFORMATION ✓	Ja	Nein
Die folgenden Informationen über das Unternehmen stehen zur Verfügung:		
Informationsblätter	☐	☐
Leitfäden für neue Kunden	☐	☐
Allgemeine Einführungen	☐	☐
Beschreibende Broschüren	☐	☐
Ausführliche Darstellungen	☐	☐
Handbücher	☐	☐
Bedienungsanleitungen	☐	☐
Manuals	☐	☐
Referenzen	☐	☐
Website, Download	☐	☐
Proben, Schnupperstunden	☐	☐
Vorträge, Kurse	☐	☐
Einführende Diskussionen	☐	☐
Persönliche Anleitungen	☐	☐
Beispiele über andere Kunden	☐	☐
Werden dem Kunden mündliche Zusicherungen bezüglich der Qualität gemacht? Wenn ja, was wird dem Kunden dabei versprochen?	☐	☐
Wird nachgefragt, um die Zufriedenheit des Kunden zu überprüfen?	☐	☐

Fragebogen **?** BEWERTUNG	Ja	Nein
Das Unternehmen bietet klare mündliche Aussagen über die Nützlichkeit der Produkte und Dienstleistungen an.	☐	☐
Das Unternehmen führt für neue Anwender und Interessenten Kurse durch.	☐	☐
Das Unternehmen stellt gut lesbare Unterlagen über die Nützlichkeit seiner Produkte zur Verfügung.	☐	☐
Das Unternehmen offeriert:		
Broschüren	☐	☐
Einführungen	☐	☐
Anleitungen	☐	☐
Fragebögen	☐	☐
Beurteilungsbögen	☐	☐
Website	☐	☐
Newsletter	☐	☐
FAQs (häufig gestellte Fragen)	☐	☐
Das Unternehmen präsentiert:		
Produktproben	☐	☐
Schnupperservice	☐	☐
Schaufenster	☐	☐
Fotos	☐	☐
Andere Qualitätsbeweise	☐	☐

Arbeitsblatt EMPFEHLUNGEN ✓	Ja	Nein
Das Unternehmen wird empfohlen von … … Anderen Unternehmen in der gleichen Branche:		
Ist bekannt	☐	☐
Wird geachtet	☐	☐
Wird weiterempfohlen	☐	☐
… Anderen Unternehmen in verwandten Branchen:		
Ist bekannt	☐	☐
Wird geachtet	☐	☐
Wird weiterempfohlen	☐	☐
… Führenden in der Branche:		
Ist bekannt	☐	☐
Wird geachtet	☐	☐
Wird weiterempfohlen	☐	☐
… (Ferial-)Praktikanten und früheren Angestellten:		
Ist bekannt	☐	☐
Wird geachtet	☐	☐
Wird weiterempfohlen	☐	☐

9. Stärke:
Harmlosigkeit

Arglosigkeit, Gutgläubigkeit, Naivität, Verträglichkeit,
Einfachheit, Gefahrlosigkeit, Gutmütigkeit

Geschäfte, in denen man nichts umtauschen oder zurückgeben kann, wenn man mit dem Kauf nicht zufrieden ist, weil etwas kaputt ist, oder doch nicht passt, oder man sich die Handhabung anders vorgestellt hat, mag niemand. Um seinen Kunden in solchen problematischen Situationen entgegenzukommen, zahlt es sich unbedingt aus, ein kulantes Rücktrittsrecht anzubieten. Auf lange Sicht ist diese vertrauensbildende Maßnahme gerade für Kleinunternehmen wichtig, damit sie keine Kunden verlieren und damit sie überhaupt Kunden gewinnen. Denn eine neue kleine Firma hat noch keinen Ruf, auf dem sie aufbauen könnte.

Auch für den Fall, dass Sie etwas über das Internet verkaufen, sollten Sie kulant im Zurücknehmen sein und dies klar mitteilen, denn viele überlegen sich sehr genau, dass Sie nur in diesem Fall etwas online kaufen, und informieren sich über diesen Punkt vorab. Auf jeden Fall sollten Sie Ihr Rücktrittsrecht in aller Ausführlichkeit vorab entwickeln und klar kommunizieren und sich nicht erst dann im Einzelfall etwas überlegen, wenn die Kunden bereits zornig, verzweifelt oder unsicher sind, weil sie die weitere Vorgehensweise nicht kennen. Dazu darf es gar nicht erst kommen.

Um dem Kunden einen gefahrlosen Kauf zu ermöglichen, ist es unabdingbar, vertrauenserweckend zu handeln. Stellen Sie daher dem Kunden das Rücktrittsrecht schriftlich zur Verfügung. Am besten ist es natürlich, wenn Sie dem Kunden so viel Entscheidungsfreiheit beim Kauf wie möglich lassen. Wenn es schon einmal etwas zu Recht zu beanstanden gibt, entschuldigen Sie sich darüber hinaus höflichst beim Kunden und bieten ein kleines Extra als Wiedergutmachung an.

Promptheit, das Problem für den Kunden zu lösen, sowie die gesamte Verantwortung für das Missgeschick selbst zu übernehmen, zeichnet eine Firma mit guter Handhabung des Rücktrittsrechts aus. Dies sollten Sie auch Ihren Angestellten einschärfen. Wie die Kunden bei der Inanspruchnahme des Rücktrittsrechts vorgehen müssen, kommunizieren Sie möglichst klar und verständlich. Nehmen Sie möglichst vollständig alle typischen Probleme vorweg, die auftreten können. Ihre Kunden müssen das Gefühl haben, dass sie sich bei allen Problemen, die mit dem Erwerb Ihrer Waren verknüpft sein könnten, jederzeit an Sie wenden dürfen, dass sie damit auf keinen Fall abgewiesen werden, sondern gerecht und gutmütig behandelt werden.

Präsentieren Sie Ihre Rücktrittsrecht-Politik klar, jederzeit und gut von den Kunden auffindbar. Kontrollieren Sie, ob sie alle Beteiligten kennen und verstanden haben. Ermuntern Sie die Kunden, Ihnen sofort mitzuteilen, wenn sie mit etwas nicht zufrieden sind. Präsentieren Sie wie gesagt Ihr Rücktrittsrecht schriftlich.

Anhand des ›Arbeitsblatts RÜCKTRITTSRECHT‹ lassen sich vielleicht noch Verbesserungsmöglichkeiten der Rücktrittspolitik aufspüren.

Arbeitsblatt RÜCKTRITTSRECHT ✓	Ja	Nein
Es gibt eine schriftliche Fassung des Kunden-Rücktrittsrechts.	☐	☐
Dieses Dokument haben alle Kunden oder erhalten es auf Anfrage.	☐	☐
Der Hinweis auf das Rücktrittsrecht springt ins Auge im Geschäftslokal oder auf der Website.	☐	☐
Die meisten Reklamationen betreffen die Bereiche:		
Das Dokument setzt sich besonders gründlich mit den problematischen Situationen und häufigsten Reklamationen auseinander.	☐	☐
Kunden werden auf ihr Rücktrittsrecht hingewiesen und bei Unklarheiten sofort persönlich betreut.	☐	☐
Wenn die Reklamation zurecht besteht, erhält der Kunde sofort den vollen Preis des Produkts zurück oder bekommt ein neues Produkt.	☐	☐
Fragebögen zur Ermittlung der Kundenzufriedenheit werden ausgehändigt oder ausgesandt.	☐	☐

10. Stärke:
Reinheit

*Anständigkeit, Gepflegtheit, Klarheit, Makellosigkeit,
Ordentlichkeit, Unschuld, Ursprünglichkeit*

Reinheit ist entscheidend wichtig in allen Geschäften und wird als ein Maß für Qualität und Kompetenz des Unternehmens wahrgenommen. Sowohl bei der Eröffnung als auch im laufenden Betrieb spielt das Erscheinungsbild Ihres Unternehmens eine maßgebliche Rolle. Es ist daher notwendig, permanent zu kontrollieren, ob mit der Sauberkeit und der Optik des Geschäftslokals alles stimmt.

Die wichtigsten Kriterien eines positiven Äußeren sollte man zumindest immer beachten: Ist es aufgeräumt, frei von Unordnung, Schmutz und störenden Gerüchen? Es mag zwar ins Persönliche gehen, aber bitten Sie auch Ihre Angestellten, sich immer um ein ansprechendes Äußeres zu bemühen.

Wenn ein Kunde in Ihr Geschäft kommt, hat er bereits eine Vorstellung davon, was ihn in Ihrem Geschäftslokal erwartet. Es gibt gewisse Normvorstellungen in jedem bestehenden Geschäftsbereich, die man erfüllen sollte. Weicht man zu sehr davon ab, wobei die Abweichungen auch ins Positive gehen können, werden viele Kunden wahrscheinlich irritiert sein. Dies wird sie zunächst hindern, sich wohl zu fühlen. Wenn aber die Abweichungen vom üblichen Aussehen Vorteile bringen und Teil Ihres Marketingplans sind, sollten Sie dies den Kunden auch in einer sorgfältig überlegten Weise klar machen. Dann können sie sich leichter an das Neue gewöhnen.

Auch die Optik eines jeden Elements, das sich auf Ihrer Website befindet, ist von Bedeutung. Eine Unternehmens-Homepage ist die

Visitenkarte gegenüber Kunden und Klienten. Sie sollte daher nicht voll von Schreibfehlern sein. Außerdem sollte man Geld in eine professionelle Gestaltung investieren und nicht mit den abenteuerlichen Farbzusammenstellungen einer selbst gebastelten privaten Homepage daherkommen. Der erste Eindruck zählt. Die Kosten für die Herstellung einer professionellen Homepage beginnen bei rund 1.500 Euro und sind nach oben hin offen.

Über die Gepflegtheit hinaus bietet gerade das Internet den idealen Spielplatz und die perfekte Gelegenheit dafür, jene Fantasie zu kreieren, die für Ihr Geschäft relevant ist. Dies werden wir beim nächsten Abschnitt sehen.

Um das Aussehen Ihres Geschäfts zu prüfen, gibt es wieder ein Arbeitsblatt. Sie können sich mit dem ›Arbeitsblatt ERSCHEINUNGSBILD‹ zu verbessernde Punkte leicht vor Augen führen.

Power-Technik:
WIE WERDE ICH ORDENTLICHER?

Über die Strukturierung der eigenen Arbeit und das Herstellen von Ordnung in Arbeitsabläufen und –plätzen wurden schon viele Bücher geschrieben, auf unterschiedlichstem Niveau und für verschiedenste Anwendungsgebiete.

Der vermutlich häufigste Fehler, der speziell bei Ein-Personen-Unternehmen zu innerer und äußerer Unordnung führt, ist das zu häufige Wechseln der einzelnen Rollen. Ein Mikrounternehmer ist zumeist neben dem Erbringer des eigentlichen Produktes bzw. der Dienstleistung auch noch Buchhalter, Werbefachmann, Texter, Grafiker, EDV-Administrator, Einkäufer, Telefonist, Expeditarbeiter und Reinigungskraft, um nur einige zu nennen – und falls der Arbeitsplatz in der eigenen Wohnung liegt, kommt auch noch Hausmann/Hausfrau und oft Elternteil hinzu.

Wichtig ist, sich klar zu machen, dass jeder Rollenwechsel Kraft kostet. Tägliche Aufgabenlisten, Zeitblöcke für einzelne Rollen, Trennung in »privat« und »beruflich« bei Schreibtisch und E-Mail-konto, ein übersichtlicher Belegfluss und ein gerütteltes Maß an Selbstdisziplin können da viel Gutes tun. Es kann sein, dass es Ihnen anfangs so scheint, als koste es noch weit mehr Kraft, *nicht* ständig mindestens 3 Rollen gleichzeitig zu jonglieren, gemäß den von außen herangetragenen Forderungen. Natürlich ist eine allzu rigide Rollentrennung auch nicht zielführend, doch wer gar nicht trennt findet sich dann oft nur mehr als Krisenmanager ständig auf Außenimpulse reagierend, und leidet darunter, keine Zeit zu finden für manche Dinge, die zwar untergeordnet scheinen, sich bei längerer Unerfüllung jedoch auch als sehr wichtig herausstellen.

Die Änderung des Arbeitsstils kostet in der Übergangsphase auch Kraft. Aber jedes Investment in das Herstellen einer funktionellen Ordnung wird schon mittelfristig Zeit und Kraft freisetzen und weit mehr bringen als es gekostet hat.

> Selbstbestimmung in Arbeitsabläufen ist jüngsten Umfragen gemäß der wichtigste Faktor dafür, am Arbeitsplatz glücklich zu sein. Des Weiteren ist diese Autonomie ein Hauptmotiv für viele Hochsensible, sich selbstständig zu machen. Soll Arbeit also auch Spaß machen, achten Sie darauf, dass größtenteils Sie bestimmen, wann Sie was machen.

Es gibt eine gar nicht kleine Gruppe von Selbstständigen, die darunter leiden, im Tagesgeschäft zu wenig Selbstbestimmung und Gestaltungsfreiräume zu haben, obwohl sie ihr eigener Chef sind. Falls Sie beispielsweise gerne Ordnung am Schreibtisch, in Ihren Belegflüssen und Zeitabläufen hätten, es aber nicht schaffen diese herzustellen, dann haben Sie ein Problem. Speziell in esoterischen Kreisen wird dann häufig von ›Selbstsabotage‹ gesprochen, doch wir wollen Ihnen hier eine biologistische Sichtweise anbieten.

Aus einer bestimmten Perspektive sind solche unkorrigierbaren Widersprüche verselbstständigte Überlebensstrategien der Körper-Intelligenz. Sie werden »Sippen-Blockaden« genannt, und wurzeln darin, dass die Körper-Intelligenz alle Regeln, die in sämtlichen vergangenen und gegenwärtigen Gruppen-Zugehörigkeiten galten und gelten, zeitlos verinnerlicht hat. Die Zugehörigkeit zur Gruppe, zur »Sippe«, war entwicklungsgeschichtlich überlebenswichtig. Dies umfasst vorrangig die Herkunftsfamilie, in geringerem Maße spielen aber auch alle anderen emotionalen Zugehörigkeiten eine Rolle, von Klassengemeinschaft und Freizeitcliquen über politische Vereinigungen bis zu Sportvereinen, Firmen und natürlich gehört auch die gegenwärtige Familie dazu. Diese Gruppen haben eine beschränkte Anzahl expliziter Regeln und jede Menge inoffizieller und oft auch unausgesprochener.

In ihrer Summe definieren diese Regeln das ›Wir-Gefühl‹ einer Gruppe oder Sippe in Abgrenzung zu den Menschen, die in Verhalten oder Erscheinungsbild als nicht-zugehörig erkennbar sind. Jeder Mobbing-Fall zeigt, dass die Zugehörigkeit zu einer Firma nicht nur aus dem Dienstverhältnis besteht, und selbst wer meint, dass die Zugehörigkeit zu einer Familie allein aus der Verwandtschaft besteht, irrt. Viele solche familiären Vorschriften werden zwar mit der Pubertät entmachtet, aber oft nur vorübergehend. Gerade jene, welche den stärksten Einfluss auf grundlegende Lebensgestaltung, Zufriedenheit und subjektiven Erfolg haben, sitzen meist viel zu tief, um erkannt und dauerhaft relativiert zu werden. Nach einigen Sturm- und Drangjahren erstarken sie meist in alter Frische, und erlauben den meisten von uns nur ein klar beschränktes Maß an Erfolg, Freiheit oder Selbstbestimmung.

Diese Regeln können Ihren unternehmerischen Zielen entgegenstehen. Um sich von diesen Blockaden zu befreien ist es meist nötig, sie zu erkennen und als von außen auf Sie einwirkende Kräfte spürbar zu machen. Machen Sie sich dazu Gedanken über Ihre Familienmuster zu Ordnung, Geld, Wohlstand, Struktur, Unternehmertum, Freiheit, Selbstbestimmung, etc. Falls Sie diesbezüglich nichts finden können, versuchen Sie Ihr bisheriges Leben diesbezüglich analytisch zu betrachten. Vielleicht können Sie solchen Mustern durch deren Auswirkungen auf die Spur kommen.

Im nächsten Schritt versuchen Sie sich zu erinnern oder vorzustellen, welche Personen Ihrer Sippe damit in Zusammenhang stehen könnten. Wer hat Ihnen diese prägenden Forderungen oder Verbote verbal oder durch Vorbild, Strafen bzw. andere erzieherische Maßnahmen vermittelt?

»Behandeln« Sie diese Personen, die Ihnen da einfallen, einzeln und hintereinander folgendermaßen: Denken Sie an diese Menschen in liebevoller Anerkennung. Schicken Sie ihnen Wertschätzung. Interpretieren Sie diesen Eingriff in Ihr Leben als bestgemeinten – wenn auch fehlgeleiteten – Ausdruck der Fürsorge. Fahren Sie mit der liebevollen Anerkennung fort, bis das Denken an die Person in friedlicher Entspannung uninteressant wird. Diese Entpolarisierung öffnet den Weg aus der Zwickmühle ›Zugehörigkeit oder Widerstand‹ in die Unabhängigkeit.

Als Beispiel wäre wieder Klaus zu nennen. Er war als Ein-Personen-Unternehmen erfolgreich, erlitt aber immer wieder kostspieligen Schiffbruch mit versuchten Kooperationen oder Geschäftspartnerschaften, ja sogar mit Angestellten. In der Innenschau erinnerte sich Klaus an seine Großmutter väterlicherseits. Auch sie war als Geschäftsfrau erfolgreich gewesen. Schon seit seiner frühesten Jugend prägte sie ihren Enkel mit dem Spruch »Tust du es allein, ist es ein goldener Stein«. Sein Vater, besagte Großmutter und auch deren Vater hatten immer für sich alleine gewirtschaftet. Zwar erfolgreich, waren sie jedoch auch einsame Menschen gewesen. Zwanzig Minuten liebevoller Anerkennung machten es für Klaus möglich, mit gemeinschaftlichen Wirtschaftsformen geschäftlichen Erfolg und soziale Gemeinsamkeit zu verbinden.

Neben der Bearbeitung der Sippen-Blockaden können auch die bereits besprochenen Power-Techniken zur Auflösung innerer und äußerer Hindernisse zu mehr Ordnung eingesetzt werden. Wichtig sind sie für Menschen, die sich zwar mehr Ordnung und Rollen-Konzentration wünschen, aber keinen gangbaren Weg sehen, um das zu verwirklichen, weil alle Umsetzungsbeispiele auf mehr oder weniger heftige innere Widerstände stoßen. Die Idee, für Kunden oder Kinder nicht verfügbar zu sein scheint inakzeptabel, die Vorstellung, zwischendurch keine Dinge zu erledigen, die sich ›en passant‹ besorgen lassen, wirkt widersinnig, das Schreiben und Abarbeiten von Listen lebensfremd – so attraktiv die abstrakte Idee des gebündelten Arbeitens auch sein mag, es finden sich keine Wege, denen sie zustimmen können. Wenn Sie sich in diesen Beschreibungen wiederfinden können, gehen Sie folgendermaßen vor: stellen Sie sich vor, das Unannehmbare doch zu tun, und achten Sie dabei genau auf Ihre emotionale Reaktion. Dann fokussieren und verstärken Sie diesen Gefühlscocktail und behandeln Sie ihn durch Druck und Beatmung sowie durch anschließendes Klopfen der 7 Meridianpunkte. Falls bestimmte Phrasen dabei auftauchen (z.B. »Mit mir nicht!«, »Das wäre doch das Letzte«, »Das ist mir zuviel«, etc.), welche das Gefühl verstärken, dann nutzen Sie auch diese Auslöser. Fahren Sie damit fort wie beschrieben, bis sich alles in Ruhe und Entspannung auflöst.

Neben den Menschen mit inneren Blockaden gibt es jene, bei denen die Hindernisse im Außen zu liegen scheinen. Sie machen wirkliche Anstrengungen um mehr Ordnung ins Geschäftsleben zu bringen, sie wollen wöchentlich den Schreibtisch aufräumen, sie verstopfen sich stundenlang die Ohren oder schalten das Telefon aus, um ablenkungsfrei die Buchhaltung zu erledigen oder eine andere Rolle gut zu erfüllen, schreiben Prioritätenlisten und tun alles, was über Zeitmanagement und Selbstorganisation zu lesen ist – und trotzdem werden sie ständig von Chaos und Notfällen überrollt. Falls Sie zu diesen gehören, verordnen Sie sich selbst folgendes Zwei-Schritte-Programm: zuerst konfrontieren Sie sich mit der Erfolglosigkeit Ihrer diesbezüglichen Bemühungen, und dann halten Sie 4 Minuten die TAT-Pose, wie im Kapitel »Einführung in die Power-Techniken« beschrieben. Im zweiten Schritt konfrontieren Sie sich noch mal der Fülle Ihrer Anstrengung und der resultierenden Fruchtlosigkeit – und achten Sie dabei ganz genau auf Ihre Gefühle. Macht es Sie wütend, hilflos, schadenfroh? Stellen Sie es nur fest, auch wenn Sie den Zusammenhang nicht nachvollziehen können. Dieser Schritt ist ganz wichtig, denn damit holen Sie das Problem zumindest teilweise nach innen, und können es auch auf dieser Ebene in Angriff nehmen. Im dritten Schritt erzeugen und verstärken Sie in sich diesen ganz speziellen Gefühlsmix, den Sie vorher vielleicht nur ganz leicht gespürt haben. Falls bestimmte Phrasen auftauchen sollten, welche das Gefühl verstärken, dann nutzen Sie auch diese zur Verstärkung. Behandeln Sie die Gefühle durch Druck und Beatmung sowie durch anschließendes Klopfen der 7 Meridianpunkte, wie ebenfalls im Kapitel ›Einführung in die Power-Techniken‹ dargelegt. Fahren Sie damit wie beschrieben fort, bis sich alles in Ruhe und Entspannung auflöst.

Falls die Vorstellung dieses Prozederes bei Ihnen Widerstände auslöst, einige erklärende Worte:

1. die POWER-TECHNIKEN im Allgemeinen und die Meridian-Therapien im Speziellen sind reine HEILUNGS-MODALITÄTEN. Das heißt, wenn Ihre Widerstände gesund und angemessen sind, können Sie drei Tage lang klopfen und sich lieb haben, ohne dass sich etwas ändert. Wo es nichts zu heilen gibt, wird damit auch nichts verändert. Sollten Ihre Widerstände gesund und sinnvoll sein, aber vermischt mit irrational übertriebenen Gefühlen, dann wird sich durch eine solche Behandlung wohl die emotionale Besetzung des Themas ändern, aber nicht Ihre vernünftige Entscheidung.

2. TRAUMA SCHRÄNKT WAHLFREIHEIT EIN. Wenn Sie in manchen Situationen nur sehr eingeschränkte Optionen erkennen, steht zu vermuten, dass alte, unverarbeitete Verletzungen mit im Spiel sind. Wenn durch erfolgreiche Behandlung mehr Möglichkeiten für Sie sichtbar oder vorstellbar bzw. emotional annehmbar werden, haben Sie dadurch mehr kreative Handlungsspielräume zur Problemlösung – die Entscheidung liegt trotzdem ganz bei Ihnen, sogar mehr als vorher.

Arbeitsblatt ✓ ERSCHEINUNGSBILD	Ja	Nein
Geschäftslokal außen:		
Ansprechende Architektur	☐	☐
Leuchtschild funktioniert	☐	☐
Fenster sauber	☐	☐
Auslage attraktiv	☐	☐
Räumlichkeiten innen:		
Sauber, aufgeräumt, müllfrei	☐	☐
Gute Beleuchtung	☐	☐
Angenehmer Geruch	☐	☐
Passende Dekoration	☐	☐
Ausreichender Lagerbestand	☐	☐
Ästhetische Regalbestückung	☐	☐
Räumliche Aufteilung nützlich	☐	☐
Verkäufer:		
Passende Kleidung	☐	☐
Gepflegt	☐	☐
Namensschild	☐	☐
Zuvorkommend	☐	☐
Lieferwagen sauber	☐	☐

Arbeitsblatt ERSCHEINUNGSBILD	Ja	Nein
Produkt:		
Sauber	☐	☐
Zusagendes Design	☐	☐
Passende Farbe	☐	☐
Ggf. Haltbarkeitsdatum angegeben	☐	☐
Komplett mit erforderlichem Zubehör	☐	☐
Verpackung adäquat	☐	☐
Mailings:		
Konsistenter Stil	☐	☐
Klarheit des Produktangebots	☐	☐
Keine Rechtschreibfehler	☐	☐
Online-Verkauf:		
Ansprechende Website	☐	☐
Wichtigste Fragen beantwortet	☐	☐
Rücksende-Aufkleber liegt bei	☐	☐

11. Stärke:
Lebhafte Vorstellungskraft

bildhaft, vorausschauend,
abstraktes Vorstellungsvermögen

Im vorigen Abschnitt war von der Gepflegtheit und Sauberkeit des Unternehmens und Geschäftslokals die Rede. Aber viele Kunden erwarten mehr als diese Selbstverständlichkeiten, sie wollen sich unterhalten, das heißt, sie müssen unterhalten werden.

Kein Unternehmen ist befreit davon, über den Aspekt der Fantasie im Geschäftsleben nachzudenken. Denn die Verbraucher haben einen immensen, stets wachsenden Appetit auf neue Fantasien. Daher ist es für jeden wertvoll, über Fantasien nachzudenken, die seine Produkte oder seine Dienstleistungen ausschmücken können, was auch immer diese sein mögen. Fantasien sollten sich im großen Rahmen bewegen, denn wir leben heutzutage in einer Ära von groß inszenierten Fantasien. Befriedigen Sie die Kundenfantasien, so regen Sie die Kunden an, nach Ihren Produkten zu verlangen, und so wird Ihr Geschäft boomen, soweit Sie das anstreben.

Es ist natürlich schwierig, den Kunden stets hochwertige Unterhaltung und neue gute Geschichten zu bieten. Beginnen Sie mit der einfachen Maßnahme, Ihre Kunden ab und zu mit einer kleinen Änderung in Ihrem Geschäftslokal zu überraschen. Sie können diese kleinen Umgestaltungen regelmäßig vornehmen. Zweck der Übung ist, dass sich die Kunden über die kleine Abwechslung freuen und es ihnen nicht langweilig wird, bei Ihnen einzukaufen. Vielleicht schauen die Leute dann und wann nur deshalb herein, um zu sehen, was es Neues gibt. Sinnliche Erlebnisse tragen zur Lebensqualität Ihrer Kunden bei. Der richtige Erlebnis-Rahmen durch die entsprechende Gestaltung der Einkaufsstätten und die dazupassenden Verkaufsgespräche, spannende Gewinnspiele und kreative Angebote regen Ihre Kunden dazu an, aktiv zu werden und sich mit Ihrem Produkt auseinander zu setzen.

Wenn ein kleines Familienunternehmen seine Produkte weltweit über das Internet verkauft, ist dies ein einfaches Beispiel für Online-Marketing. Es werden Grenzen gesprengt, und zwar nicht nur Landesgrenzen, sondern Grenzen in der Vorstellungskraft. Es wird keine Umkehr mehr geben, das Internet ist vollständig in unser heutiges Leben und Arbeiten integriert. Das ›Arbeitsblatt INTERNETVERKAUF‹ zeigt, welche Überlegungen beim Verkauf über das Internet mit einzubeziehen sind.

Eine der wichtigsten Möglichkeiten des Marketings im Internet ist die Interaktivität. Bei keinem anderen Marketinginstrument kann der Verbraucher so bequem und vielfältig einbezogen werden. »Engagement Marketing« heißt der Trend, der in den USA bereits in aller Munde ist. Auch hier zu Lande setzt man auf das neue Konzept. Das Online-Nutzungsverhalten hat sich in den letzten Jahren grundlegend geändert. TV und Internet sind zusammengewachsen, die Anzahl an Breitband-Internetanschlüssen ist rasant angewachsen und das ›Web 2.0‹ eröffnet viele neue Möglichkeiten. Heute können Nutzer individuelle Inhalte immer und überall abrufen und interaktive Angebote wahrnehmen. Blogs und Foren ermöglichen es außerdem, sich immer besser zu vernetzen und auszutauschen. Das Internet ist zum Mitmach-Web geworden. Engagement-Marketing ist die Antwort auf den veränderten Medienkonsum. Es bezeichnet dialogbasierte Werbemaßnahmen, die den Nutzer aktiv mit Themen, für welche die Marke steht, interagieren lassen.

Hochsensible Menschen können über sehr viel Fantasie verfügen, und sie träumen oft sehr lebhaft. In der Nacht ist Träumen auch ganz in Ordnung, jedoch verträumen Sie nicht Ihre Tage und Ihr Leben, sondern nutzen Sie Ihre Fantasie auch im Marketing und leben Sie Ihre Träume.

POWER-TECHNIK: WIE REGE ICH MEINE FANTASIE AN?

Für die Steigerung von Fantasie, aber auch von messbarer Intelligenz gibt es eine simple aber sehr effektive Übung. Sie wurde von Dr. Win Wenger, einem amerikanischen Spezialisten für Intelligenzförderung und beschleunigtes Lernen[12], entwickelt. Die Übung sollte täglich über einen längeren Zeitraum durchgeführt werden. Wer sie 10 Tage lang 10 Minuten täglich anwendet, wird bereits positive Veränderungen an sich feststellen, behauptet Dr. Wenger, und der Autor kann das bestätigen. Sobald die Übung beherrscht wird, kann sie auch sehr gezielt eingesetzt werden, um kreative Lösungen für konkrete Probleme zu entwickeln.

Die Methode wird ›Image Streaming‹ genannt[13]. Sie beruht auf der Tatsache, dass Menschen ständig unterschwellig »träumen«, d. h. dass unterhalb der Bewusstseinsschwelle ständig ein Strom von hochkomplexen und detailreichen Bildern fließt. Aus biologischer Sicht sind das die Lebenszeichen des ältesten Teils unserer Persönlichkeit, der Körper-Intelligenz. Manche Gehirnforscher unterstützen diese Interpretation[14], und sehen das als Ausdruck des Stamm-

---

12 Siehe Dr. Win Wengers Webseite (nur auf Englisch) http://winwenger.com/ – dort findet sich eine Fülle von Anregungen und erprobter Techniken

13 Ausführlich in »Der Einstein-Faktor« von Win Wenger und Richard Poe, ISBN-13: 978-3932098055

14 siehe »The Evolutionary Neuroethology of Paul MacLean: Convergences and Frontiers (Human Evolution, Behavior, and Intelligence)«, von Russell Gardner (Herausgeber), und Gerald A. Cory (Herausgeber), ISBN-13: 978-0275972196;

hirns. Die Körper-Intelligenz hat einige Schwächen, welche sie als führende Instanz der Gesamtpersönlichkeit disqualifizieren. Andererseits hat sie jedoch gerade im Bereich Kreativität allen anderen Teilen der menschlichen Persönlichkeit einiges voraus, weshalb es sehr sinnvoll sein kann, diesen Input zu beachten. Sie benötigen dazu entweder einen lebendigen, zuhörenden Partner, oder ein Tonband. Dann setzen Sie sich bequem in einen Sessel. (Falls Sie die Übung ohne Partner durchführen, stellen Sie einen Wecker auf 10 Minuten.) Schließen Sie die Augen, richten Sie Ihre Aufmerksamkeit auf Ihre innere Leinwand, und beginnen Sie laut den sich vor Ihrem inneren Auge entfaltenden Bilderstrom zu beschreiben.

Wichtig ist dabei, die folgenden drei Punkte zu beachten:

• Beschreiben Sie die Bilder laut, entweder für Ihren Partner oder das Tonaufzeichnungsgerät. Wenn Sie die Beschreibung nur in Gedanken formulieren, kann das ein ganz gutes Schlafmittel sein, aber die Funktion der Kreativitätssteigerung wird nicht ausgeschöpft. Verharren Sie dabei in einer kritiklosen Beobachter-Trance, die nur berichtet.

• Beschreiben Sie möglichst detailreich, und nicht nur die optischen Eindrücke, sondern auch alle anderen Sinne: versuchen Sie die Dinge in Ihrem Bilderstrom auch zu tasten, zu hören, zu riechen und zu schmecken. Wenn sich die Bilder gerade nicht verändern, beschreiben Sie mehr und mehr Einzelheiten. Sie können sich dazu auch willentlich in Ihren inneren Bildern bewegen, ein- oder auszoomen, den Zeitfaden vor oder zurückspulen, ganz wie Sie wollen. Wichtig ist, dass Sie praktisch pausenlos beschreiben und sehr detailliert sind.

• Beschreiben Sie alles in der Gegenwartsform. Angeblich haben ca. 30% der Menschen große Schwierigkeiten, ihren inneren Bilderstrom zu sehen, und für sie gibt es eine Fülle an Hilfstechniken. Diese finden Sie – leider nur auf Englisch – auf Dr. Wengers Homepage[15].

---

sowie »Triune Conception of the Brain and Behaviour« von Paul D. MacLean, ISBN-13: 978-0802032997

15 http://www.winwenger.com

Zur allgemeinen Kreativitätsförderung genügen diese 10 Minuten pro Tag. Sollten Sie eine kreative Lösung für eine konkrete Aufgabenstellung suchen, fokussieren Sie sich zuerst einige Minuten auf das Problem, dann machen Sie 10 Minuten ›Image Streaming‹ wie gehabt. Anschließend hören Sie sich Stück für Stück das Tonband an bzw. gehen Sie die Notizen Ihres Partners durch. Schauen Sie dabei, was Ihnen die Aufzeichnungen des Bilderstroms an Hinweisen geben, welche Lösungen für die ursprüngliche Aufgabe Ihnen dabei einfallen. Schreiben Sie, wie beim Brainstorming, alle Einfälle auf. Wenn Sie die gesamten Aufzeichnungen ein- oder zweimal durchgegangen sind, können Sie in einem nächsten Schritt die notierten Lösungsideen überprüfen, in ihrer Umsetzbarkeit bewerten und gegebenenfalls weiter entwickeln.

Arbeitsblatt INTERNETVERKAUF ✓	Ja	Nein
Ist das Angebot ausreichend beschrieben?	☐	☐
Ist die Gültigkeitsdauer des Angebots genannt?	☐	☐
Ist der Zeitpunkt des Zustandekommens des Vertrags eindeutig definiert (bei Eingabe auf der Homepage oder erst später)?	☐	☐
Ist die Vertragslaufzeit genannt?	☐	☐
Sind Preise und Zahlungsweise eindeutig angegeben?	☐	☐
Sind zusätzlich auftretende Liefer- und Versandkosten aufgeführt?	☐	☐
Sind die Lieferbedingungen eindeutig angegeben?	☐	☐
Sind Widerrufs- und Rückgaberecht eindeutig geregelt?	☐	☐

Bemerkungen:

12. Stärke:
Denken in größeren Zusammenhängen

Beziehung, Verbindung, Konsistenz, System, Verkettung,
Gesichtspunkt, Hintergrund, Kontext, Nebenumstände,
Sinn

Ein erfolgreiches Unternehmen besitzt eine starke Marketingorientierung. Für das Unternehmenskonzept, insbesondere für die Unternehmensphilosophie und das Marketingkonzept, ergibt sich die Forderung nach konsequenter Ausrichtung aller Aktivitäten auf die Bedürfnisse und Erwartungen des Kunden.

Ein kleines Unternehmen ist sogar noch mehr als ein großes auf ein gut organisiertes und systematisches Marketing angewiesen. Es besitzt keinen großen Mitarbeiterstab und kann sich auch keine langwierigen, komplexen Arbeitsabläufe leisten. Aber es benötigt ein hoch qualifiziertes Marketing, denn es verfügt über begrenzte Ressourcen, auch an Mitarbeitern. Deshalb müssen die Aktivitäten umso klarer umrissen und bestimmten Mitarbeitern als Zuständigkeitsbereiche übertragen werden. Und man muss sich Gedanken machen, organisieren und ein einfaches Nachweis- und Kontrollsystem schaffen, vielleicht nur eine Liste, um sicherzustellen, dass die Arbeit tatsächlich getan wird.

Auch in einem Dreipersonenbetrieb müssen die Zuständigkeits- und Verantwortungsbereiche klar umrissen sein und regelmäßig überprüft werden. Der Finanzbereich umfasst beispielsweise die Verantwortung für die Buchhaltung, die Budgetierung sowie alle Planungen, die den Kapitalbedarf des Unternehmens betreffen. Zum

Bereich Personalführung gehören das Führen der Personalunterla-
gen und alle Personalfragen über Gesundheitsvorsorge, Urlaubs-
planung, Kinderbetreuung und so weiter. Der Marketingbereich
schließt die Kontakte zu Kunden, Lieferanten und Geschäftsfreunden ein. Außerdem muss der für das Marketing zuständige Mitarbeiter auch dafür sorgen, dass genügend Zeit für wichtige Marketing-
Veranstaltungen zur Verfügung steht und dass die Bedürfnisse der
Kunden deutlich wahrgenommen und vom Unternehmen berücksichtigt werden. Darüber hinaus kümmert er sich um die Kundenbetreuung, das heißt, er besucht die Kunden zu Hause oder in ihrem
Geschäft, um sich einen Eindruck von der Nutzung der Produkte
oder Dienstleistungen seiner Firma zu schaffen. Eine Effektivitätsprüfung ist immer notwendig, ganz gleich, wie klein der Betrieb ist
und wie wenige Mitarbeiter er beschäftigt.

Der Begriff Marketing lässt sich auch als das Anstreben eines für
beide Seiten Gewinn bringenden Austauschprozesses zwischen Ihren Kunden und Ihnen definieren. Der Schlüsselfaktor in dieser Beziehung ist Ihre Fähigkeit, die Bedürfnisse der Kunden zu erkennen.
Es bleibt Ihnen überlassen, die richtigen Produkte oder Dienstleistungen zu entwickeln, um diesen Bedürfnissen zu entsprechen.
Der Marketingprozess beginnt mit einer Analyse der verschiedenen
Markttypen, auf die Sie sich konzentrieren wollen. Darauf folgt die
Festlegung der Methode, mit der Sie bestimmte Kunden dazu bringen können, Ihre Produkte oder Dienstleistungen zu kaufen.

Im Geschäftsleben muss man angemessene Prioritäten setzen, sich
voll auf sein Geschäft konzentrieren und viele andere Pläne fallen
lassen außer dem regelmäßigen und dringend benötigten Urlaub.
Man muss seine Energie auf ein einziges Projekt konzentrieren. Ein
ganz außergewöhnlicher Mensch, der über sehr viel Energie und ein
hohes Maß an Know-how verfügt, kann vielleicht mit viel Glück
verschiedene Projekte gleichzeitig erfolgreich zu Ende bringen,
doch die meisten Menschen müssen darum kämpfen, ihr Geschäft
in Gang zu halten. Sie müssen ihre Kräfte bündeln und sich auf die
wichtigen Aspekte des Unternehmens konzentrieren. Dazu gehört
auch das richtige Marketing.

Sie müssen genau verstehen, mit welcher Art von Geschäften Sie zu tun haben und Ihrer Betriebsamkeit Grenzen setzen, die nicht so weit gesteckt sind, dass sie Dinge einschließen, die Sie vom eigentlichen Projekt ablenken, aber auch nicht so eng sind, dass ein zum Überleben des Unternehmens notwendiges Element ausgeklammert wird. Wenn Sie diesen Gesichtspunkt beachten, wirken die Aktionen Ihres Unternehmens so zusammen, dass es sich weiterentwickeln kann.

Für die Planung Ihrer Marketingaktionen und Veranstaltungen benötigen Sie drei Grundelemente. Das Erste hiervon ist das bereits im Abschnitt Präsenz besprochene Statement, das die Tätigkeit Ihres Unternehmens genau beschreibt. Die anderen beiden sind die Marketingliste und die Liste der Aktionen und Events.

Die Marketingliste ist eine aktuelle Namensliste aller Personen, die Sie kennen und von denen Sie wissen, dass diese Ihr Unternehmen an ihre Bekannten wie auch immer und wo auch immer weiterempfehlen werden. Interessenten, Freunde und Leute in der Gemeinschaft, die helfen können, Neuigkeiten zu verbreiten sowie Ihre bisherigen zufriedenen Kunden stehen auf dieser Liste. Um sie zu erstellen, sammeln Sie alle diese Namen ein, schreiben Sie sie auf kleine Karteikärtchen, oder noch besser und wenn es mehr als hundert sind, tippen Sie die Namen in den Computer ein. Diese Namensliste ist eines der wichtigsten Marketingwerkzeuge, die dem Unternehmer zur Verfügung stehen, wenn er sein Geschäft ausweiten und revitalisieren will.

Das ›Arbeitsblatt MARKETINGLISTE‹ hilft Ihnen bei der Erstellung und Pflege der Namensliste aller Personen, die Ihr Unternehmen weiterempfehlen wollen.

Steht die Namensliste der Marketing-Gemeinschaft, ist der nächste Schritt, Marketingaktionen zu planen. Diese können Direktmarketingaktionen, Parallelmarketingaktionen oder kollegenbasierte Aktionen sein. Für jede dieser Kategorien sollten Sie sich sorgfältig überlegen, was speziell für Sie an Aktionen in Betracht kommt. Am einfachsten und effektivsten wäre es, wenn Sie die Personen, die auf Ihrer Marketingliste stehen, anrufen oder persönlich ansprechen, um sie über die neuen Angebote zu informieren. Wenn Ihre Information für sie interessant und nützlich ist, werden sie Ihren Anruf oder Besuch schätzen.

Die Anfertigung einer Liste von fantasievollen Marketingaktionen kann viel Spaß machen, aber schließlich sollten diese Events in die Tat umgesetzt werden können. Dafür müssen Sie für jede Marketingaktion eine Planungs- und Vorbereitungszeit mitberücksichtigen. Und vor allem sollten Sie sich an die vorgeplanten Termine halten, auch wenn es manchmal so aussieht, als ob Marketing nicht notwendig wäre, weil das Geschäft sehr gut geht. Es werden viele Events geplant, aber wenige davon finden auch wirklich statt. Hart arbeitende, ernsthafte Leute müssen erst dazu gebracht werden, einzusehen, dass der Extraaufwand an Energie, den man braucht, gut durchdachte Marketingaktionen zu planen und durchzuführen, diesen Aufwand auch wert sind. Außerdem vergessen erfolgreiche Unternehmer einfach auf Marketingaktionen, solange das Geschäft gut läuft. Notwendig sind sie aber auf alle Fälle.

Ja, man neigt dazu, sich nur dann auf Marketingaktivitäten zu besinnen, wenn es nicht mehr so gut läuft. Aber dann dauert es erst mal einige Zeit, bis die Aktionen stattfinden und etwas einbringen, was einem schlecht laufenden Geschäft überhaupt nicht gut tut. Es kann nicht oft genug betont werden, dass der allerbeste Zeitpunkt, zu vermarkten, ist, wenn man es nicht bräuchte, weil das Geschäft ohnehin gut läuft. Wenn man wartet, bis es notwendig wird, kann es viel zu spät sein.

Der Weg aus diesem allzu menschlichen Dilemma ist offensichtlich. Es ist regelmäßig im Voraus zu planen, und Zeit und Aufwand in kreatives Marketing zu spendieren. Dies kann zum Beispiel in Form eines Jahreskalenders mit geplanten Events geschehen. Zwischen den Events sollte genügend Zeit verstreichen, damit diese immer wieder Freude machen und nicht zur allzu häufigen Lästigkeit werden. Auch sollten die Termine für die Events natürlich außerhalb der Zeiten mit Arbeitsspitzen gelegt werden, soweit dies möglich ist.

Wer in größeren Zusammenhängen denkt, wird bestrebt sein, seine Arbeit in Relation zu seinem inneren Wesen und seinen Werten zu setzen und danach trachten, dass hier Einklang herrscht.

Im Prinzip wird Ihr Marketingplan aus verschiedenen Modulen bestehen. Im allgemeinen Teil werden Produkt/Dienstleistung, das zu erwartende Publikum, voraussichtliche Umsätze und Gewinne und die Marktnische vorgestellt. Ein zweiter Teil ist Marktanalysen gewidmet, der nächste Teil enthält Kundenanalysen. In einem weiteren Teil wird der Marketing-Mix vorgestellt und schließlich werden Verkauf und die Marketingziele behandelt werden. Unterstützende Marketingdokumente sowie Rechtsdokumente schließen den Marketingplan ab. Genaueres zu den Analysen im Marketingplan finden Sie im nächsten Abschnitt.

Wirtschaftliches Handeln kann dem Wohle des Individuums und der Gesellschaft dienen und zu einer verbesserten Lebensqualität führen. Ziel ist nicht Reichtum um seiner selbst willen, sondern materieller Wohlstand als Grundlage für ein besseres Leben, das es jedem Menschen erlauben soll, sein inneres Potenzial zu entwickeln. Dass dieser gute Zweck die Mittel heilige, ist ein Irrtum. Erfolgreiches Unternehmertum in diesem Sinn verlangt eine Verbindung von ethischen Werten mit der Kenntnis der grundlegenden Kräfte der Wirtschaft. Es gibt keinen Widerspruch zwischen Geld und Ethik. Durch den richtigen Umgang mit Geld gelangen wir auf eine höhere Stufe und können es wieder vergessen. Das ganze Leben bildet eine Einheit. Behalten Sie dieses Gesamtbild im Auge.

Für die Planung gibt das ›Arbeitsblatt MARKETINGEVENT‹, das Sie bereits aus einem früheren Abschnitt kennen, eine Hilfe. Auf allen Events ist darauf zu achten, dass die Eingeladenen, welche die Gelegenheit haben, sich kennen zu lernen oder wieder zu sehen, sich wohlfühlen. Dazu unterstützt man sie, zueinander zu finden, stellt sie einander vor, hat eigens Helfer bei größeren Events, benutzt Namensschilder, wenn nötig, und tut alles was man weiß, um eine angenehme Atmosphäre zu schaffen.

Das ›Arbeitsblatt MARKETINGLISTE‹ ist eine Aufstellung der für eine aktuelle Namensliste erforderlichen Schritte.

Wenn wir in größeren Zusammenhängen denken, führt uns das oft dazu, dass wir mehr Verantwortung wahrnehmen und entsprechend handeln. Ein Beispiel dafür stellen wir Ihnen hier vor:

Beispiel
›Der Baumann‹   www.derbaumann.at

Alexander Baumann, ein Wiener Baumeister, bietet Hauseigentümern und Hausverwaltern seit dem Jahr 2006 folgenden Service: Seine von ihm ins Leben gerufene ›Beschmierungsambulanz‹ übermalt rassistische Beschmierungen, wenn sie irgendwo in der Stadt im öffentlichen Raum sichtbar sind, und zwar gratis. Durch eine Kooperation mit ›Zara – Verein für Zivilcourage und Anti-Rassismus-Arbeit‹ wird dieses Angebot den Betroffenen bekannt gemacht.

Dazu Herr Baumann: »*Auf dem Weg zu meiner Arbeit fuhr ich täglich bei einem Zählerhäuschen vorbei, das mit einer rassistischen Parole beschmiert war. Lange Zeit wartete ich darauf, dass jemand Zuständiger die Beschmierungen entfernen würde: Vielleicht der Besitzer des Zählerhäuschens oder der Verschönerungsverein des Ortes, der sonst sehr aktiv ist. Aber anscheinend fühlte sich niemand zuständig. Ich war zunehmend betroffen und verärgert. Schließlich packte ich mir etwas Farbe und einen Pinsel in mein Auto, blieb stehen und übermalte das Zählerhäuschen. Das war die Geburtsstunde der Beschmierungsambulanz.*

Rassistische Beschmierungen sind nicht nur hässlich, sie fallen oft auch unter den Tatbestand der Verhetzung, und erst durch eine Entfernung ist diese strafbare Handlung beendet. Dieses Engagement mache ich gerne, weil es mir ein Herzensanliegen ist. Es hat mir bis jetzt keine neuen Kunden gebracht, aber der Kontakt zu bestehenden Kunden wurde dadurch gestärkt.«

Alexander Baumann ist seit 1995 in der Baubranche tätig, im Jahr 2004 machte er sich als Baumeister selbstständig. Im Jahr 2005 hatte er einen Mitarbeiter beschäftigt, im Jahr 2007 waren es schon 12. Herr Baumann ist dafür bekannt, dass ihm kein Auftrag zu groß, aber auch keiner zu klein ist.

Doch nicht nur die Beschmierungsambulanz macht Herrn Baumann beispielhaft. Zahlreiche ›vorher – nachher‹ Fotos auf seiner Website mit Beispielen seiner Arbeit machen es neuen Kunden leicht, sich für eine erste Kontaktaufnahme zu entscheiden, ebenso seine transparente Preisgestaltung.

Arbeitsblatt MARKETINGLISTE ✓	Ja	Nein
Eine vollständige Marketingliste der Kunden, Lieferanten, Geschäftspartner, Kollegen und Bekannten steht zur Verfügung für den sofortigen Kontakt per Telefon, E-Mail oder Post.	☐	☐
Die Marketingliste wurde erstellt oder zum letzten Mal aktualisiert am: (Datum)		

Auf der Marketingliste fehlen:		
Namen	☐	☐
Telefonnummern:	☐	☐
E-Mail-Adressen	☐	☐
Postadressen	☐	☐
Die fehlenden Adressen werden zusammengetragen mithilfe von:		
E-Mails (Outlook-Adressbuch)	☐	☐
Newsletter	☐	☐
Briefen	☐	☐
Verträgen	☐	☐
Rechnungen	☐	☐
Empfangsbestätigungen	☐	☐
Honorarnoten	☐	☐
Kundendaten-Aufzeichnungen	☐	☐
Werbe-Flyer/Folder	☐	☐

Arbeitsblatt MARKETINGLISTE ✓	Ja	Nein
Organizer-Adressbüchern	☐	☐
Telefonbuch	☐	☐
Persönlichen Nachfragen	☐	☐
Mitgliedslisten	☐	☐
Anderen Quellen	☐	☐

Der geschätzte Zeitaufwand zur Erstellung oder Auffrischung der Marketingliste beträgt   Stunden.

Die Marketingliste wird ab sofort regelmäßig gepflegt alle   Monate/Wochen.

13. Stärke:
Detailvolle Wahrnehmung

*Einzelheit, Begleitumstand, Genauigkeit, Gründlichkeit,
Korrektheit, Pflichtbewusstsein, Präzision, Sorgfalt*

Wie bereits im Teil I dargestellt wurde, nehmen hochsensible Personen aufgrund einer physiologischen Disposition ihres Nervensystems mehr Reize und mehr Informationen auf. Sie nehmen oft subtile Veränderungen in ihrer Umgebung wahr und können so wertvolle Hinweise und Informationen an andere weitergeben. In der Arbeitswelt kann das von Vorteil sein. Obwohl, heutzutage besteht die Kunst oft nicht darin, an sehr viele Informationen zu gelangen, sondern sich ihnen zu entziehen. Richtige Entscheidungen treffen können wird nicht der, der das meiste weiß, sondern jener, der das richtige, das richtig Ausgewählte, weiß. Dabei hilft Ihnen Ihre Intuition, die Sie am ehesten dadurch erhalten, dass Sie sich immer wieder zurückziehen und Ruhepausen einhalten.

Das Kundenverhalten und die Motivation zum Kauf werden von vielen subtilen Faktoren gesteuert. Der Kunde hat die absolute Freiheit, zu kaufen oder nicht zu kaufen, und deshalb ist es wichtig, ein Gespür für diese subtilen, die Entscheidungen der Kunden beeinflussenden Faktoren zu haben. Hier ist das wichtigste Instrument die Selbstbefragung, und im Rahmen dieser Selbstbefragung ist es notwendig, dass wir unsere Geschäftsbücher auf Hinweise durchforsten.

Viele Hochsensible sind sehr gewissenhaft. Sie führen und lesen ihre Geschäftsbücher sehr genau. Das Führen der Bücher ist eigentlich etwas für Spezialisten wie Buchhalter und Finanzexperten. Aber solange Sie Ihre Bücher nicht genau studieren, ist Ihr Geschäft nicht Ihr Geschäft. Nur wenige Kleinunternehmer schaffen es, ihr Geschäft erfolgreich zu betreiben, ohne auf eine gute Buchführung zu achten. Wenn Sie in Ihre Geschäftsbücher schauen, sehen Sie das Spiegelbild Ihrer Schöpfung, und dieses Spiegelbild ist ein wichtiges Barometer. Die wichtigsten Daten sind die Ausgaben und die Tageseinnahmen. Das sind selbst im größten Konzern die Zahlen, auf die es ankommt. Je präziser diese beiden Listen geführt werden, desto mehr erfahren Sie über Ihr Geschäft.

Die Korrektheit und die Liebe zur Qualität und zum Detail kommen Ihnen auch beim Aussenden von Briefen an Ihre Kunden zugute. Senden Sie ihnen Briefe, Newsletter oder E-Mails mit aktuellen Angeboten, saisonalen Grüßen und kleinen Dankeschöns. Achten Sie bei jedem Kunden auf seine speziellen Bedürfnisse.

Bei einer Direktmarketing-Aktion beginnt der Geschäftserfolg beim Produkt. Kein Unternehmen kann lange überleben, wenn es Produkte anbietet, die am Markt nicht oder nicht mehr gefragt sind. Ein Unternehmen muss regelmäßig hinterfragen, ob sein Produktportfolio noch up to date ist und gegebenenfalls durch neue Produkte ersetzen oder ergänzen. Einer der wichtigsten Schlüssel zum Erfolg beim Direkt-Marketing ist die Auswahl der richtigen Adressen. Obwohl es heißt, dass ein schlechtes Angebot an die richtigen Leute immer noch besser sei als das beste Angebot an die falsche Zielgruppe, ist das richtige Angebot einer Aktion ein weiterer Faktor, der mitspielt.

EINE POSTSENDUNG besteht aus dem Briefumschlag, dem Brief, einem Verkaufsprospekt und Antworthilfen. Ein kleines Dankeschön wie eine Warenprobe oder ein Täfelchen Schokolade erhöht die Antwortrate ebenso wie ein Gewinnspiel für Endkunden mit einer Belohnung für gezogene Gewinner.

Verschiedene Kleinigkeiten zu beachten, kann den Erfolg einer Postsendung fördern. Das Kuvert ist zunächst die Transporthülle für die übrigen Bestandteile und daher befinden sich auf ihm zunächst die postalischen Angaben wie Adresse und Briefmarke oder Freistempelung. Die Wahl der Hülle, ihr Format, ihre Farbe, ihre Ausführung und ihre Konzeption wie bedruckt oder unbedruckt und der Text haben einen sehr großen Einfluss auf die Antworten der Kunden, und die Hülle ist daher weit mehr als ein Transportmittel. Sie hat einen ebenso großen Einfluss auf den Erfolg einer Postsendung wie eine Produktverpackung für den Verkaufserfolg eines Produktes. Es muss von Fall zu Fall entschieden werden, welches Konzept für eine bestimmte Aufgabe Sinn macht. Sie können eine Schlagzeile, einen Slogan oder Ihr Logo auf die Hülle drucken lassen. Allerdings sollte diese Schlagzeile auch wirklich aussagekräftig sein. Ein aussagekräftiges Bild auf der Rückseite des Kuverts kann auch viel Interesse bewirken. Auch hierfür ist zu beachten, dass der Köder dem Fisch schmecken muss, nicht dem Angler.

Der beigelegte Brief macht Ihre Sendung persönlich, sagt dem Empfänger, worum es geht, welche Vorteile ihm Ihr Angebot bietet und wie er es in Anspruch nehmen oder weitere Informationen bekommen kann. Schreiben Sie Ihren Kunden also persönlich mit Namen an und unterschreiben Sie den Brief. Verwenden Sie für den Brief am besten Schreibmaschinen-Schrifttypen, damit er Briefcharakter hat.

Ein guter Verkaufsprospekt hebt Produktvorteile und Kundennutzen hervor, nimmt Gegenargumente vorweg, bringt wichtige Kaufargumente und fordert zur Reaktion auf. Sie können auch eine erfolgreiche Postsendung durchführen, ohne einen Prospekt beizulegen, wenn Sie im Brief, der dann auch mehrere Seiten haben kann, alle wichtigen Verkaufsargumente anführen.

Die ANTWORTHILFE kann eine Antwortkarte, ein Antwortschein mit Rückkuvert oder ein Fax-Formular sein. Sie ist enorm wichtig, wenn Sie Antworten erhalten wollen. Vorpersonalisierte Formulare oder Karten erhöhen die Antwortrate. Bei Business-to-Business-Mailings können Sie ein Fax-Formular nehmen, bei Privatpersonen sollten Sie lieber eine Antwortkarte verwenden. Je mehr Antwortmöglichkeiten Sie einsetzen, desto mehr Antworten werden Sie bekommen. Machen Sie es Ihren Lesern so einfach wie nur möglich, zu antworten oder zu bestellen. Von Vorteil ist es, keine heiklen Daten vom Kunden zu verlangen und ein Rückantwortkuvert beizulegen. Auf dieses drucken Sie auch »Bitte mit Euro 0,55 frankieren, wenn Marke zur Hand!«

Bitte ködern Sie Ihre Empfänger nicht mit etwas Besserem, um es dann, nachdem sie bestellt haben, einzuschränken. Das kommt ganz schlecht an. Achten Sie darauf, sich nicht missverständlich auszudrücken.

WIRKUNGSVOLLE ANGEBOTE zu formulieren bedingt, mehr zu verkaufen. Nutzen Sie die Möglichkeit, Rabatte zu gewähren. Diese sollten unbefristet gelten, oder zumindest nicht zu knapp befristet sein. Rabatte und Staffelungen sollten nachvollziehbar und transparent sein.

Je nach Angebot sind unterschiedliche Antwortraten die Folge. Auch die Formulierung ein und desselben Angebots ist entscheidend für den Erfolg. Sie können vom halben Preis sprechen, beim Kauf von einem Produkt eines gratis dazu zu geben, oder Ihre Ware um fünfzig Prozent reduziert verkaufen. Die drei Formulierungen bedeuten Ähnliches nur anders dargestellt. Es hat sich oftmals gezeigt, dass die zweite Möglichkeit die Beste ist.

Wie bereits beschrieben, sollten Sie sich bei der Erstellung Ihres Marketingplans auch Gedanken über den Markt und die Kunden machen sowie über Ihre persönliche Marketingstrategie. Die Aufstellung der wichtigsten Überlegungen finden Sie in den Arbeitsblättern »MARKETINGPLAN-MARKT«, »MARKETING-PLAN-KUNDEN« und »MARKETINGPLAN-STRATEGIE«. Wenn Sie diese Listen schrittweise bearbeiten, werden Sie bestimmt keine wesentlichen Punkte übersehen. Die Planung von Perspektiven, für die zu wenig Informationen verfügbar sind, sollten Sie später wiederholen. Wenn Sie keine Zahlen zur Verfügung haben, ist eine Schätzung besser als gar keine Information.

Unterstützende Marketingdokumente sind Tabellen. Sie sind aus dem Marketingplan nicht mehr wegzudenken. Sie haben durch die Tabellenkalkulationsprogramme, wie zum Beispiel Microsoft Excel, ins Marketing Eingang gefunden. Tabellen ermöglichen es, die Erstellung des Marketingplanes sehr effizient zu gestalten. Sie erleichtern den Planungsprozess und sind ein Instrument für die Strukturierung von Marketingproblemen. Damit werden Entscheidungsgrundlagen und Entscheidungsergebnisse transparent und können überprüft werden.

Einer der wichtigsten Hebel zur Steigerung des Verkaufs ist die Wahl des richtigen Nutzens, also die Entscheidung darüber, an welche Motive Sie auf Ihren Websites oder in Ihren Mailings appellieren wollen.

Produktmerkmale oder -eigenschaften ergeben sich immer aus dem Produkt selbst. Viele Unternehmen sind nun versucht, genau solche Produkteigenschaften oder -merkmale in den Mittelpunkt zu stellen. Es wird sehr viel über das Produkt und eher wenig über die Belange der Kunden gesprochen. Nutzen dagegen ergeben sich aus Kundenwünschen, die in Verbindung mit dem Produkt stehen. Der Nutzen ergibt sich in der Regel direkt aus der Produkteigenschaft, diese ist also nicht etwa unwichtig. Sie hat vielmehr begründende Wirkung und kann und sollte durchaus genannt werden. Dennoch muss im Sinne optimaler Wirksamkeit stets der Nutzen den Grundgedanken diktieren, der im Mittelpunkt steht.

Fragen Sie sich also, welchen Nutzen Ihr Produkt oder Ihre Dienstleistung hat. Eine gute Möglichkeit, mögliche Nutzendimensionen für Ihr eigenes Produkt oder Ihre Dienstleistung zu finden ist die, sich folgende simple Frage zu stellen: Beginnen Sie bei der Produkteigenschaft und fragen Sie sich dann, was Sie als Kunde davon haben. Indem Sie diese Frage wiederholt stellen, sollten Sie allmählich zum ultimativen Nutzen Ihres Produktes vordringen. Ohne die begründende Produkteigenschaft ist keine glaubwürdige Umsetzung möglich. Denn der Leser Ihres Mailings oder Ihrer Website fragt sich stets, wenn auch unbewusst, warum er Ihnen glauben soll und warum ihm Ihr Produkt diesen spezifischen Nutzen ermöglicht. Eine gute Möglichkeit besteht darin, bereits in der Schlagzeile oder im Slogan den Nutzen und seine Begründung zu nennen.

Selbstständige Kleinunternehmer werden über kein großes Werbebudget verfügen. Es empfiehlt sich, kleine Budgets zu konzentrieren und nicht noch zu zersplittern. Es hilft hier nur eines und das ist die spartanische Beschränkung auf ein Medium, womöglich auf nur eine einzige Maßnahme. Selbst wenn die Fachmeinung vorherrscht, dass nur die Vernetzung der Aktionen zum Marketing-Mix den optimalen Effekt bewirken könne durch gegenseitige Verstärkung aller Maßnahmen. Wenn jedoch ein ohnehin mageres Budget zersplittert wird, nur um verschiedene Maßnahmen auf dem Plan zu haben, funktioniert das nicht. Allzu oft werden mit viel zu schmalem Geldbeutel viel zu umfangreiche Aktionen aufgestellt. Der Effekt ist dann oft gleich null, weil keines der Instrumente wirkungsvoll und nachhaltig genug eingesetzt werden kann. Es handelt sich um Verschwendung.

Sinnvoller Einsatz des kleinen Budgets wäre, sich auf nur eine einzige, wirkungsvolle Maßnahme zu konzentrieren. Und genau darin liegt ein weiterer Vorteil der Konzentration. Dass man in der Regel auf die eine, wirkungsvollste Maßnahme setzt und gezwungen ist, die möglicherweise unwirksameren Maßnahmen von vornherein auszublenden. Einen Fall gibt es natürlich, wo auch dieses Vorgehen nichts nützt; dann nämlich, wenn das Budget so klein ist, dass selbst bei strikter Konzentration auf nur ein Medium nicht genügend Wirkung erwartet werden kann. In diesem Fall ist es das Beste, das Geld in der Tasche zu behalten, sich mit anderen Maßnahmen zu behelfen und auf eine bessere Gelegenheit zu warten.

Es gibt verstärkende Faktoren, die sich positiv auf die Antwortrate auswirken und filternde Faktoren, die zwar weniger Antworten bringen, in der Regel aber die Qualität derselben steigern. Verstärkend kann wirken, starke Anreize zu bieten, zum Beispiel attraktive, kostenlose Zugaben. Wenige produktspezifische Informationen, einfachste Antwortmöglichkeiten, sehr wenig Informationen abzufragen, das Angebot und die Anreize deutlich herauszustellen, keine Verpflichtungen andeuten, ein Gewinnspiel oder ähnliche Anreize einzusetzen, verstärken ebenso. Filter sind produktspezifische Informationen und Preisangaben, keine zusätzlichen Anreize anzubieten, detaillierte Informationen abzufragen, durchblicken zu lassen, dass nachgefragt wird, Rückporto für die Antwortkarte zu verlangen, das Angebot mit Bedingungen zu verknüpfen und eine verbindliche Bestellung mit Unterschrift zu fordern. Eigene Erfahrungen mit verschiedenen Aufgabenstellungen können zeigen, was für ein Unternehmen und eine bestimmte Aufgabe das Richtige ist. Eine gute Möglichkeit die richtige Vorgehensweise zu ermitteln ist, alternative Ansätze zu testen.

An den Grundlagen des Wirtschaftsprozesses und damit des Marketings hat sich mit der Einbeziehung des INTERNET nichts verändert. Auf der einen Seite sind Anbieter, die Produkte oder Dienstleistungen eigener oder fremder Produktion anbieten, und auf der anderen Seite sind Abnehmer, die diese Produkte oder Dienstleistungen im Austausch gegen Geld abnehmen. Ob die Verbindung zwischen diesen beiden Gruppen nun online oder offline, per Internet oder ganz normal in einem Geschäftslokal erfolgt, ist erst einmal nebensächlich, solange überhaupt Geschäfte zu Stande kommen.

Mit dem World Wide Web ist das Unternehmen durchsichtiger geworden. Es spricht nicht für ein Unternehmen, wenn es im Internet nicht zu finden ist oder wenn der Web-Auftritt zu wenig Information über das Unternehmen enthält. Eine Website muss sehr genau beantworten, um welches Unternehmen es sich handelt und was es anbietet. Auf vielen Websites muss man lange suchen, bis man diese Infos findet, weil sie entweder zu versteckt sind oder der Sachverhalt zu blumig und langatmig beschrieben wird. Kunden bevorzugen kurz gehaltene Informationen. Auf keinen Fall sollte man es in seiner Internetpräsenz mit dem Eigenlob oder Vergleichen übertreiben. Außerdem sollte man Geld in professionelle Fotos der Kontaktpersonen investieren und keine Urlaubsschnappschüsse einstellen. Die Website sollte generell eher nüchtern und sachlich gestaltet sein sowie ständig aktuell gehalten werden.

Kunden wollen sich ernst genommen fühlen. Und wenn man ihnen das Gefühl gibt, dass man sich um sie sorgt und um sie kümmert, dann werden sie das in Form von Mundpropaganda zurückgeben. Die treibende Kraft hinter der kreativen Energie des Internet-Zeitalters ist der Bedarf an dem, was soziale Währung genannt wird. Man hat etwas, worüber man sich mit anderen unterhalten kann. Millionen von Menschen sind über das Internet verbunden. Diesen Umstand könnten Sie als Chance zur Verwirklichung Ihrer Marketingziele nutzen. Haben Sie schon einmal daran gedacht, wie viel mehr potenzielle Kunden Sie auf diese Weise erreichen können? Sie können Märkte, die Sie bisher nicht bearbeitet haben, über das Internet erreichen und darüber hinaus direkt bearbeiten, neue Kunden gewinnen und zusätzliche Produkte bzw. Dienstleistungen verkaufen. Sie können Ihren Verkauf, aber auch andere Geschäfte rund um die Uhr über das Internet abwickeln. Dabei stellen Öffnungszeiten, Postwege, Arbeitszeiten und andere Einschränkungen kein Hindernis mehr dar. Sie können die von Ihnen ausgewählten Kundengruppen ganz direkt ansprechen. Sie können Ihr Verkaufsprogramm jederzeit aktualisieren und Ihren Kunden kostengünstig nahe bringen. Und Sie können dabei auf eine neue Auflage Ihrer Folder verzichten und dadurch auch Kosten sparen. Sie können die Schnelligkeit und Effizienz Ihres Kundenservice optimieren. Da Sie über das Internet mit Ihren Kunden immer in Kontakt bleiben können, können Sie auch besser Ihren speziellen Service bekannt machen und umsetzen. Sie können Ihre Kommunikations- und Informationskosten günstiger gestalten. Das Internet ist billiger als Telefonieren und Faxen. Und die Kosten für die notwendigen Recherchen, die Sie im Rahmen Ihrer Markterkundung anstellen müssen, sind geringer. Sie können auch die Bedürfnisse, Wünsche und Probleme Ihrer Kunden genauer ermitteln.

Wenn Sie sich eine INTERNETPRÄSENZ für Ihr Unternehmen zulegen wollen, fragen Sie sich, welchen Zweck Ihre Website haben soll. Überlegen Sie sich, was Sie zeigen und vorstellen möchten. Das wird auf alle Fälle natürlich Ihr Produkt und Dienstleistungsangebot sein. Darüber hinaus können es Arbeitsproben, etwas über Ihre Person und Ihren Lebenslauf, einige ausgewählte Auftraggeber und Referenzen zufriedener Kunden sein. Sie können auch Ihre Mitarbeiter und Ihr Netzwerk vorstellen, Ihre persönlichen Vorlieben nennen sowie Informationen zu Ihrem Fachgebiet bereitstellen. Machen Sie sich Gedanken darüber, welche Menschen Sie in erster Linie mit dieser Darstellung ansprechen möchten. Dies können Sie natürlich immer wieder bei der Überarbeitung Ihrer Internetpräsenz bedenken.

Wer im Internet etwas sucht, benutzt meistens die Suchmaschine Google. Doch Google muss nicht immer die am besten passende Suchmaschine sein. Bei speziellen Recherchen würden mitunter andere Sites schneller zum Ergebnis führen. Einige Beispiele für diese Suchmaschinen finden Sie im Anhang.

Nun wenden wir uns dem wichtigen Bereich E-MAIL-VERKEHR zu. Vielleicht gehören Sie auch zu denjenigen, die gerne weniger Zeit für die Bearbeitung ihrer elektronischen Post aufwenden wollen, aber durch ihre hereinströmende E-Mail-Flut daran gehindert werden. Jetzt einmal die Bestellungen ausgenommen. Hier sind einige Tipps, die zwar oft schon bekannt sind aber doch nicht wirklich beachtet werden.

Planen Sie persönliche Treffen mit Ihren E-Mail-Partnern ein, denn für manche Angelegenheiten sind kurze persönliche Treffen einfach besser geeignet als langwierige E-Mail-Diskussionen. Bedenken Sie dies vor dem Verfassen jeder E-Mail. Formulieren Sie aussagekräftige Betreffzeilen. Schreiben Sie übersichtliche E-Mails in klaren Sätzen, die in wenigen Sekunden gelesen und verstanden werden können. So ersparen Sie den Lesern unglaublich viel verschwendete Zeit. Um weniger E-Mails zu bekommen, senden Sie weniger. Geben Sie Menschen, die Ihnen zu oft oder in schlechter Qualität etwas senden, Ratschläge, die Abhilfe schaffen können. Teilen Sie die E-Mails klug in Folder auf, die einander ausschließenden Inhalten entsprechen.

Vermeiden Sie unnötige Antworten und halten Sie einen Moment inne, bevor Sie etwas absenden, um sich zu fragen, ob die E-

Mail wirklich hilfreich für den Empfänger ist. Seien Sie höflich. Aber bedanken Sie sich nur bei außergewöhnlichem Aufwand, sprechen Sie dies mit Ihren wichtigsten E-Mail-Partnern ab. Sie können auch in Ihre E-Mail schreiben, dass keine Antwort oder kein Dank für Sie notwendig ist. Die Form Ihrer E-Mails kann Ihr geschäftliches Image stärken oder schwächen. Korrigieren Sie im Interesse des Lesers unbedingt Rechtschreibfehler mit Hilfe von Programmen. Senden Sie keine ärgerlichen oder zornigen E-Mails, schreiben Sie diese entweder gar nicht erst oder lassen Sie solcherart getippte Antworten vierundzwanzig Stunden lang abkühlen. Danach löschen Sie diese und schreiben Sie eine neue Antwort. Es ist sehr leicht, vom E-Mail-Prozess aufgefressen zu werden. Seien Sie daher nicht ständig online, wenn Sie wirklich etwas arbeiten wollen, bei dem Sie sich konzentrieren müssen. Checken Sie jeweils in kurzen Blöcken Ihre E-Mails. Holen Sie diese nicht permanent in kurzen Abständen, schalten Sie Benachrichtigung, Blinken und Sound ab.

Es ist klar, dass Sie Ihre E-Mails regelmäßig beantworten müssen, also planen Sie dazu regelmäßige Zeitfenster in der erforderlichen Dauer und Häufigkeit ein, in denen Sie sich nur dieser Tätigkeit widmen. Ebenso regelmäßig können Sie Newsletter an Ihre Interessenten versenden. Newsletter dürfen nicht zu lang sein, sonst werden sie nicht mehr gelesen. Regelmäßigkeit spielt eine wesentliche Rolle, weil jedes Unternehmen auf eine Kundengemeinschaft angewiesen ist. Voraussetzung für die Existenz einer Kundengemeinschaft ist irgendeine Art gemeinsamer Aktivität. Die Regelmäßigkeit der geschäftlichen Aktivitäten ist oft der minimale gemeinsame Nenner. Unternehmer müssen Regelmäßigkeit garantieren, da sie selbst darauf angewiesen sind.

Firmen, die ihre Tätigkeit hauptsächlich über das TELEFON abwickeln, müssen natürlich einen Anrufbeantworter besitzen, der ständig in Betrieb ist und regelmäßig Anrufe beantwortet. Es muss eine gewisse Regelmäßigkeit gewährleistet sein, die den Kunden Zugang zur Firma erlaubt, selbst wenn nur das Telefon bereitsteht, über das man Nachrichten hinterlassen kann, die alle drei Tage abgehört werden. Regelmäßigkeit gibt den Kunden die Möglichkeit, mit dem Unternehmen in Kontakt zu treten.

Marketingplan
MARKT ↗

Ist die Marktstellung des Unternehmens zufriedenstellend?

Sind bereits Maßnahmen geplant, um die Ziele auch künftig zu sichern?

Welche Mitbewerber gibt es?

Welche besonderen Aktivitäten haben die Mitbewerber durchgeführt?

Wie wird sich der Markt im nächsten Jahr entwickeln?

Welche Trends gibt es generell zu beobachten?

Wie werden sich die Preise entwickeln?

Welche Ursachen gibt es für Preisveränderungen?

Marketingplan
MARKT

Welche Veränderungen gibt es im Kaufverhalten bei den Kunden?

Welche Veränderungen sind hinsichtlich der Qualitätsstandards und Kundenerwartungen erkennbar?

Welche Innovationen gibt es hinsichtlich der Produkte und Serviceleistungen?

Welche Veränderungen sind hinsichtlich der Mitbewerber feststellbar?

Welche Innovationen sind bei der Marktbearbeitung zu erwarten? (Zum Beispiel neue Vertriebskanäle...)

Wie hoch wird die Anzahl der Mitbewerber in drei Jahren sein?

Marketingplan
KUNDEN

Wie viele Kunden des Unternehmens gibt es?

Welche Kundentypen gibt es?

Wie wird die Kundenzufriedenheit gemessen?

Wie zufrieden sind die Kunden?

Wie verändert sich die Anzahl der Kunden?

Werden laufend neue Kunden gewonnen?

Werden laufend Kunden an den Mitbewerb verloren?

Gibt es immer wieder neue Kundentypen?

Marketingplan
KUNDEN

Wie entwickelt sich die Kundenzufriedenheit weiter?

Wie hoch wird die Kundenanzahl in drei Jahren
wahrscheinlich sein?

Wie wird die Verteilung von Interessenten und Kunden in drei
Jahren voraussichtlich sein?

Welche Kundentypen wird es in drei Jahren geben?

Welchen Wert soll die Kundenzufriedenheit in drei Jahren auf-
weisen?

Marketingplan ↗	Ja	Nein
STRATEGIE		

Was ist der Zweck des Unternehmens?

Welche Vision oder Mission wird verfolgt?

Welche Positionierung hat das Unternehmen am Markt?

Welche Stärken und Schwächen hat das Unternehmen?

Welche Unternehmensziele gibt es?

	Ja	Nein
Erhöhung des Absatzes	☐	☐
Erhöhung des Preises	☐	☐
Senkung der Vertriebskosten	☐	☐
Erhöhung der Gewinnspanne	☐	☐
Einführung von Rabatten	☐	☐
Erweiterung der Vertriebsinfrastruktur	☐	☐
Einstellung von Vertriebsmitarbeitern	☐	☐

Marketingplan STRATEGIE	Ja	Nein
Ausprägung der Kommunikation mit potenziellen Kunden		
Haben Markt- und Kundentrends eine Auswirkung auf den Zweck, die Vision oder Mission des Unternehmens?		
Welche Produkttrends gibt es im Unternehmen?		
Wo will das Unternehmen in drei Jahren stehen?		
Welche Stärken sollen verstärkt werden?		
Welche Schwächen sollen ausgeräumt werden?		
Welche Maßnahmen sind für die Erreichung der langfristigen Unternehmensziele erforderlich?		
Welche Budgetmittel sind für die Erreichung der Ziele erforderlich?		

14. Stärke:
Lernfähigkeit

*Auffassung, Aufnahmefähigkeit, Begabung, Geist,
Intelligenz, Klugheit, Köpfchen, Talent, Verstand,
Verständigkeit, Gedächtnis, Lernwilligkeit*

Alter ist ein herrlich Ding, wenn man nicht verlernt hat,
was anfangen heißt.

Martin Buber

Wir sind hier, um zu wachsen, um immer weiter zu lernen und das Leben für uns selbst und andere immer besser zu machen. Dieser Aufgabe können wir bis ins hohe Alter nachkommen. Lassen Sie sich durch alles und jeden immer weiter in die Geheimnisse des Geschäftslebens einführen. Erfinden Sie Ihr Unternehmen immer wieder neu. Das ist eine Entwicklung, die nie zu Ende ist. Wo auch immer Sie hinschauen, werden Sie feststellen, dass Sie heutzutage mehr und mehr zu lernen haben. Sie können Fachbücher lesen, aktuelle Magazine studieren, im Idealfall auch noch einige Veranstaltungen pro Jahr besuchen, um sich weiterzubilden. Besuchen Sie Konferenzen und Seminare und entwickeln Sie Beziehungen zu den Leitfiguren in Ihrem Fachgebiet. Lassen Sie Ihre eigenen Erfolge und die Erfolge anderer hochleben. Destruktiven Konkurrenzkampf und Feindseligkeiten muss es in Ihrer Welt nicht geben. Folgen Sie Ihrer Berufung und tun Sie das, was Sie am liebsten tun, selbst wenn es sich mit den Jahren ändern sollte. Arbeiten Sie mit Leidenschaft, leben Sie mit Leidenschaft und gehen Sie Ihren Weg.

Alle Menschen und auch hochsensible Personen lernen sich selbst im Laufe der Jahre immer besser kennen und wissen immer genauer, was ihnen gut tut. Sie sind oft lange Zeit auf der Suche nach ihrer wahren Berufung. Wenn sie diese gefunden haben und daraus einen Beruf machen wollen, müssen sie sich oft selbstständig machen und oft sogar eine vollständig neue Dienstleistung oder Berufssparte entwickeln.

Kennt man eine Reihe von hochsensiblen Selbstständigen, so ist es interessant, zu erfahren, welche Unternehmen sie gegründet haben und ob sie ihre Persönlichkeit in diese einbringen können. Meistens agieren sie ruhig, nachdenklich und gewissenhaft in ihrem Beruf. Dabei kann es sich um die unterschiedlichsten Berufe handeln. Vom Koch bis zum Tischler, vom Schauspieler bis zum Krankenpfleger, alles ist möglich. Viele Hochsensible besitzen auch Ausbildungen in mehreren Gebieten und sind darüber hinaus immer noch unterwegs auf der Suche nach neuen Themen, Erkenntnissen und Wirkungsfeldern.

Ein Bereich, in dem Sie immer wieder rasante Neuerungen beobachten werden, ist das Internet. Es ist lohnend und äußerst wichtig, auch in diesem Bereich lernwillig zu bleiben, auch wenn Technik nicht zu Ihren bevorzugten Interessensgebieten gehören sollte. Das dynamische, durch das Internet stark beeinflusste Online-Marketing hat bereits in vielen Firmen Einzug gehalten. Ein wichtiger Schritt dieser Entwicklung waren interaktive Websites. Hiermit kann der Kunde schon aktiv Geschäfte tätigen. Eine solche Website ist einem Geschäftslokal gleichwertig geworden. Die Herstellung Ihrer Site sollten Sie zwar professionell ausgebildeten Fachleuten überlassen, sich aber doch einige Kenntnisse zum Thema aneignen, um die Qualität Ihrer Website überprüfen und anpassen lassen zu können.

Erweitert werden heute bei den meisten großen Unternehmen die Bereiche Usability, Suchmaschinenoptimierung, E-Mail-Marketing und Web-Controlling. Das bedeutet, dass sich der Einsatz dieser Instrumente lohnt. Zum Pflichtprogramm des Online-Marketing gehört, dass die Usability weiterentwickelt wird, das bedeutet, es werden Nutzerführung und Inhalte auf der Homepage verbessert. Die Suchmaschinenoptimierung hat zur Folge, dass das Unternehmen in Trefferlisten weiter oben erscheint. E-Mail-Marketing und das Versenden von Newslettern bringen sehr viel. Web-Controlling findet mittels Auswertung der Kunden-Klicks auf die Homepage und die einzelnen Unterseiten statt. Hier geht es darum, herauszufinden, was der Besucher genau will und wie er dieses Ziel möglichst effizient erreicht. Wer in weniger als in einer Minute bei Amazon ein Buch bestellt hat, kommt gerne wieder. Jeder zusätzliche Klick vergrault Besucher. Gute Usability bedeutet, dass Besucher ihr Ziel einfacher und ohne Umwege erreichen.

So wie bei Geschäftsräumen eine repräsentative Adresse wirkt, ist online ein guter Domain-Name entscheidend. Wie auch bei guten Immobilien wird im Internet das Angebot an freien, attraktiven Domain-Namen immer knapper. Unter ».de« sind bereits über zehn Millionen Namen registriert. Bei ».com« sind bereits weltweit über fünfzig Millionen Domain-Namen vergeben. Der Ankauf von bereits registrierten Domain-Namen über Handelsbörsen ist oft recht teuer. Alternative Möglichkeiten bestehen noch, sich mit einer attraktiven Web-Adresse zu positionieren, z. B. mit der neuen Europadomain ».eu«.

Mit der im April 2006 eingeführten neuen Domain-Endung ».eu« soll ähnlich wie bei der Währung Euro eine europäische Identität im Internet und ein Gegengewicht zur US-dominierten ».com«-Domain geschaffen werden. Innerhalb der EU ist es damit nicht mehr notwendig, sich unter der Länder-Domain zu präsentieren. Die ».eu«-Domain gehört heute zu den weltweit beliebtesten Domain-Endungen. Im Vergleich zu ».de« oder ».com« sind jedoch noch zahlreiche attraktive Domain-Namen verfügbar. Der Schutz vor Mitbewerbern und der Missbrauch durch »Domain-Grabber« ist ein weiterer Grund, sich entsprechende Begriffe unter ».eu" zu sichern.

Ein wirkungsvoller Weg, Interesse zu wecken und zu Kundenadressen zu kommen, sind Umfragen. Mit etwas Geschick kann präzise die gewünschte Zielgruppe angesprochen werden. Online-Umfragen ermöglichen es Unternehmen, schnell, unkompliziert und kostengünstig neue Kunden zu gewinnen. Diese Methode bietet eine präzise Zielgruppenselektion, denn durch eine dort platzierte Frage wird die relevante Zielgruppe so gut wie möglich abgegrenzt. Entscheidend ist die Art der Fragestellung. Einer der ersten und für den Erfolg entscheidenden Schritte besteht darin, die für das Themengebiet und die Zielgruppe passende Frage zu finden. Umfragen können Ihnen auch wertvolle Hinweise auf die Bedürfnisse und Erwartungen Ihrer Kunden geben.

Sie haben gesehen, dass schon allein durch die rasend schnell vor sich gehenden technischen Neuerungen Ihr Unternehmen ständig weiter lernen muss. Ganz allgemein betrachtet wird es auf Veränderungen aller Art reagieren, indem es systematisch neue Geschäftsmöglichkeiten identifiziert, bewertet und die besten auswählt.

Eine Grundvoraussetzung, aufnahmefähig für Neues zu sein, ist, dass Sie gesund bleiben. Sie müssen auf sich aufpassen, auf Ihren Körper, Ihren Geist und Ihre Seele. Trainieren Sie mehrmals pro Woche, erholen Sie sich regelmäßig auch in hektischen Lebensabschnitten. Meditieren Sie.

15. Stärke:
Vorsichtigkeit

Achtsamkeit, Behutsamkeit, Fingerspitzengefühl, Skepsis,
Wachsamkeit, Rücksicht, Sorgfalt, Bedächtigkeit,
Besonnenheit

Heutzutage herrscht die Auffassung, dass sich im Wettbewerbskarussell ausschließlich derjenige erfolgreich mitdrehen könne, der schneller ist als ein anderer. Dabei kann es doch oft immens wichtig sein, abwarten zu können, eine Sache behutsam anzugehen, die Geschwindigkeit des Reagierens zu verringern, in Ruhe über ein Ereignis nachzudenken, wohl überlegt zu handeln.

Eine der wichtigsten Regeln im Geschäftsleben lautet, nichts zu überstürzen. Es ist in der Geschäftswelt unmöglich, zuverlässige Informationen über die unausgesprochenen Wünsche der Kunden zu haben. Je mehr Zeit Sie sich für Veränderungen nehmen, desto mehr Rückmeldungen können Sie erhalten und um so mehr Fehler vermeiden. In zwei Phasen der Geschäftsentwicklung sollte man besonders langsam vorangehen und zwar ganz am Anfang und dann, wenn das Geschäft boomt.

Behutsames, geduldiges und schrittweises Vorgehen kann das Vorhaben unterstützen, ein neues Unternehmen in Gang zu bringen. Warum ist es so wichtig, bei einer Gründung langsam vorzugehen? Erstens, weil Sie dadurch Zeit gewinnen, um wertvolle Rückmeldungen und Hinweise zu berücksichtigen, und zweitens, weil es in einem Unternehmen immer viel mehr zu tun gibt, als sich jemand, der noch nie im Geschäftsleben stand, vorstellen kann. Man muss sich um unzählige Dinge kümmern, an die man vorher gar nicht gedacht hat.

Ein langsames Vorgehen ist auch später die vernünftigste Strategie. Es bedeutet, sorgfältig den richtigen Zeitpunkt zu wählen und Erweiterungen so zu planen, dass sie die Erfordernisse des Marktes widerspiegeln, und zu wissen, dass die Durchführung großer Veränderungen mehr Zeit braucht, als man denkt.

Für ein Unternehmen bedeutet es vor allem, kleine, wachstumsfördernde Veränderungen vorzunehmen, die genügend Raum lassen, um abzuwarten und die Auswirkungen jeder einzelnen Veränderung genau zu beobachten. Es ist ein Fehler, viele Veränderungen gleichzeitig vorzunehmen, denn das bedeutet, dass man nicht mehr im Einzelnen nachvollziehen kann, welche von ihnen zum Erfolg führte. Solche Fehler können schwerwiegend sein, weil bereits kleine Fehleinschätzungen große Auswirkungen haben können.

Ein Unternehmen wird mit vielen Problemen konfrontiert. Ob es zu rasch oder zu langsam wächst, ob die Angestellten überfordert oder unterfordert sind, die Kosten zu hoch sind, Sie müssen Problemlösungen finden. Oft wird es notwendig sein, Kosten zu reduzieren, um so wenig Risiko wie möglich einzugehen.

Zu entscheiden, ob und wie viel man dennoch in verkaufsfördernde Maßnahmen investiert, erfordert großes Fingerspitzengefühl. Es scheint überflüssig zu sein, zu betonen, dass alle Problemlösungen wohl überlegt sein müssen und vorsichtig anzugehen sind. Selbst wenn Sie aufgeschlossen für neue Ideen und Strategien sind, müssen Sie immer darauf achten, die Risiken zu senken. Entwickeln Sie immer Notfallspläne für den Fall, dass etwas ganz anders kommt als Sie es eingeplant haben.

Achtsamkeit ist auch im Umgang mit den Menschen des geschäftlichen Umfelds angebracht. Beachten Sie den Aspekt, dass nicht nur Sie selbst empfindlich sind, sondern möglicherweise auch ein Kunde, ein Angestellter oder ein Lieferant hochsensibel ist. Begegnen Sie Ihrem Umfeld mit Rücksicht und beziehen Sie dazu Ihre eigenen Erfahrungen als Kunde oder Zulieferer mit ein.

Wenn sich unter Ihren Angestellten hochsensible Menschen befinden, so gehören diese zu den ersten, denen eine unbekömmliche

Stimmung im Unternehmen auffällt. Wenn Sie wachsam sind, werden Sie auf die Klagen dieser Angestellten achten und hören und sie dazu nutzen, Missstände abzufangen und größere Probleme zu vermeiden.

Einem Auftraggeber oder Kunden Komplimente zu machen und seine Arbeit anzuerkennen, ist ein wichtiger Teil einer guten Geschäftsbeziehung. Seien Sie nicht schüchtern, weil Sie damit keine Erfahrung haben. Tatsächlich denken auch mächtige Menschen, dass jene, die sie loben, intelligenter und liebenswerter sind als jene, die das nicht tun. Außerdem erhalten einflussreiche und erfolgreiche Menschen oft weniger Lob als die anderen, vielleicht auch, weil jeder annimmt, dass sie es nicht mehr brauchen. Auch der Höherstehende ist unsicher und wird sich dann gut fühlen. Er wird Sie dann für seinesgleichen halten. Versuchen Sie es, und Sie werden sehen, wie wichtig dem Betreffenden Ihr Lob und Ihre Anerkennung ist.

16. Stärke:
Langsamkeit

Gemessenheit, Ruhe

Der Langsamste, der sein Ziel nicht aus den Augen verliert,
geht noch immer geschwinder, als jener, der ohne Ziel umherirrt.

Gotthold Ephraim Lessing

Wir leben in einer gehetzten Kultur, in der klassische Tugenden wie
Mäßigung und Ruhe nicht als Stärken angesehen werden, sondern
als Schwächen verachtet werden. Tagein, tagaus herrscht der Zeit-
druck, und das verursacht Stress. Sie kennen das alles aus eigener Erfahrung sehr genau. Sie stehen unter hohem Stress am Arbeitsplatz
und leiden dadurch vielleicht schon unter Depressionen. Herz- und
Kreislauferkrankungen als Folge sind schon jetzt die häufigste To-
desursache in den westlichen Industriestaaten. Gemeinsam mit der
Stressbelastung nehmen auch die Ängste und Depressionen zu. Der
Stress ist längst nicht mehr nur ein Symptom bei Führungskräften
und auch nicht mehr auf die Arbeitswelt beschränkt. Partner und
Kinder sind davon genauso betroffen.

Auf die Dauer ist für ein gesundes Leben das richtige Verhältnis zwischen Stress und Erholung unabdingbar. Kleine Erholungsphasen in
den Arbeitstag einzubauen kann bereits Wunder wirken. Besonders
erholsam sind diese Pausen, wenn Sie in ihnen vollkommen von Ihrer Arbeit abgelenkt werden. Wenn es Ihnen gelingt, in den Pausen
regelmäßig komplett abzuschalten, werden Sie in der verbleibenden
Arbeitszeit viel mehr Energie haben.

Dazu gehört zum Beispiel auch, dass Sie in Ihrem Urlaub nicht täglich Ihren E-Mail-Eingang abfragen. Lassen Sie Ihr Notebook zu Hause, schalten Sie das Mobiltelefon ab, wenn Sie sich wirklich erholen wollen. Überspielen Sie Müdigkeit nicht und spüren Sie die Signale, die auf Ihren Erholungsbedarf aufmerksam machen. Machen Sie einen kurzen Mittagsschlaf, wenn es Ihnen möglich ist. Auf alle Fälle können kurze Ruhephasen entscheidend dazu beitragen, dass Ihnen alles besser von der Hand geht.

Vielleicht unterschätzen wir die Bedeutung der Erholungspausen nirgends so sehr wie beim geistigen Arbeiten. Wir glauben, dass unsere Produktivität umso höher ist, je länger wir ununterbrochen arbeiten. Die Folgen unzureichender Erholung reichen von vermehrten Beurteilungs- und Ausführungsfehlern über verringerte Kreativität bis zu fehlerhafter Risikoeinschätzung. Erholung erreichen wir dadurch, dass wir gelegentlich den Gegenstand unserer Aufmerksamkeit wechseln, um dem Verstand eine Ruhepause zu verschaffen. Die besten Ideen bekommen viele Menschen ohnehin nicht am Arbeitsplatz.

Legen Sie regelmäßige Pausen ein, gehen Sie spazieren oder ruhen Sie sich aus und Sie werden gedankenreicher sein.

Es ist für uns alle sehr wichtig, dass wir uns regelmäßig Zeit für die Betrachtung unseres Lebens nehmen. Machen Sie Urlaub. Nehmen Sie sich den wohlverdienten langen Urlaub. Und sehen Sie zu, dass Sie von nun an regelmäßig Urlaub machen. Ab und zu muss man einfach mal weg vom Geschäft, um sich zu entspannen. Anschließend sehen Sie klarer. Durch das Abschalten tanken Sie auf und treten verjüngt wieder im Alltag an, um sich tatkräftig der nächsten Herausforderung zu stellen.

Regelmäßige Termine zur Erholung, die wie wichtige Termine behandelt und im Kalender notiert werden, stellen Quellen der Erneuerung inmitten anstrengender Arbeitstage dar.

Wenn man es dem Zufall überlässt, zum Beispiel Zeit für etwas Sport in der Mittagspause zu finden, dann käme es wahrscheinlich selten dazu. Wenn wir festlegen wann, wie und wo ein Verhalten stattfinden soll, sind die Weichen gestellt und die Erfüllung leichter. Wenn jedes Mal wieder neue Entscheidungen anstehen rund um ein schlichtes Ereignis, das im günstigen Falle täglich stattfindet, verbrauchen wir unnötige Energien und geben unseren Widerständen jeweils eine neue Chance. Findet es jedoch immer im gleichen Ablauf statt, verstärken wir das Verhalten, bis es ein Muster wird und wie von selbst abläuft. Einerseits werden wir dadurch für unsere Umwelt berechenbar und werden von den Erwartungshaltungen der Menschen rundum unterstützt. Doch Erlebnisse hinterlassen auch neuronale Spuren, und durch die Wiederholung werden solche subtilen Spuren zu ausgetretenen synaptischen Pfaden im Gehirn, was uns von innen her unterstützt. Kostet es anfangs Disziplin, eine solche Gewohnheit in Gang zu bringen, so erfordert sie nur mehr wenig Aufmerksamkeit und bringt uns viel Gewinn, wenn sie einmal läuft.

Rituale helfen uns, in unserem Leben Struktur zu schaffen. Neben der Schaffung von Kontinuität helfen sie auch, Veränderungen zu verwirklichen, zum Beispiel eine gesündere Lebensweise. Rituale sind eine Quelle der Sicherheit und der Flexibilität. Nutzen wir die Macht des positiven Rituals, um Pausen einzuplanen. Weil Veränderung voraussetzt, dass wir unsere Bequemlichkeitszone verlassen, führt der beste Weg dahin über kleine und kontrollierbare Teilschritte. Wenn Sie zu schnell zu viel auf einmal wollen, wird es kaum gelingen, einen Plan durchzuhalten. Deshalb ist es gut, Rituale schrittweise aufzubauen, indem wir uns immer nur auf eine wichtige Veränderung konzentrieren und uns in jeder Phase des Prozesses realistische Ziele setzen. Der allmähliche Veränderungsprozess lässt nach und nach Zuversicht erwachsen und stärkt Ihre Ausdauer bei der Verwirklichung schwierigerer Ziele.

Auch die Vorstellung einer Veränderung kann helfen, diese schließlich hinzubekommen. Gehen Sie ein Mal pro Woche spazieren und überlegen Sie, wie Sie sich fühlen, nachdem die Veränderung, zum Beispiel weitgehend stressfrei zu leben, bereits eingetreten ist.

Lassen Sie sich nicht hetzen, vermeiden Sie es, ständig auf Außenreize zu reagieren, schirmen Sie sich ab. So können Sie in Ihrem eigenen Tempo an Ihren eigenen Projekten arbeiten und werden erfolgreicher sein.

Wie wir inzwischen immer deutlicher merken sollten, ist eine Verlangsamung des Tempos bei Wirtschaftswachstum und Konsum unerlässlich. Einen wichtigen Beitrag dazu können Reparaturnetzwerke leisten.

Beispiel
›RepaNet‹

www.repanet.at
www.gbl.at

Bei »RepaNet« handelt es sich um einen Zusammenschluss kleiner Gewerbeunternehmen, die unterschiedliche Reparaturdienstleistungen anbieten. In Österreich werden unter dieser Dachmarke gemeinsame Aktivitäten gesetzt, um Reparaturabteilungen und Servicedienstleistungen sowie Kleinhändler vor Ort zu erhalten. Innerhalb der letzten Jahre sind in Österreich vier Reparaturnetzwerke entstanden. Ihre Ziele sind neben der Förderung lokaler Kleinbetriebe die Erhaltung und Schonung von Ressourcen und somit auch die Verringerung von Müll. Weitere wichtige Ziele sind die Erhaltung von regionalen Arbeitsplätzen sowie die Schaffung neuer Arbeitsplätze.

Eines von den vier Reparaturnetzwerken ist das Regionale Reparaturnetzwerk Liezen. Dieses arbeitet mit den regionalen Arbeitsämtern und dem Sozialamt zusammen. Im ›RepaNet Liezen‹ finden am Arbeitmarkt benachteiligte Menschen Möglichkeiten der Beschäftigung und Qualifizierung. Sowohl Langzeitarbeitslose als auch Menschen mit Behinderungen konnten bereits davon profitieren.

Für die im Reparaturnetzwerk zusammengeschlossenen Firmen ergibt sich die Möglichkeit, durch eine gemeinsame Website und andere gemeinsame Marketingaktivitäten an Kunden heranzukommen, die ansonsten eher neue Ware bei großen Handelsketten kaufen würden. So können lokale Firmen ihre Bekanntheit erhöhen und Stammkunden gewinnen.

Reparaturnetzwerke sind ein gutes Beispiel, wie Umweltschutz, Kundenwünsche und Firmeninteressen Hand in Hand gehen können, und wie dies auch glaubhaft kommuniziert werden kann.

17. Stärke:
Zuhören können

Genau hinhören, anhören, aufpassen, Acht geben, folgen,
miterleben, teilhaben, teilnehmen, verfolgen

Der Sprechende mag ein Narr sein,
Hauptsache der Zuhörer ist weise.

Laotse

Schenken Sie nur einer Person zu einem Zeitpunkt Ihre volle Aufmerksamkeit. Es handelt sich dabei wirklich um ein beachtliches Geschenk, denn ZEIT IST DAS WERTVOLLSTE, WAS MAN ANDEREN MENSCHEN WIDMEN KANN.

Wenn jemand mit Ihnen spricht, versuchen Sie, alle Ablenkungen auszublenden und kultivieren Sie diese Kunst. Versuchen Sie, wirklich zu hören, was dieser Mensch Ihnen sagen will und versuchen Sie auch die nichtverbalen Botschaften zu verstehen. Nehmen Sie Anteil, während Sie zuhören. Sie werden sich über den Erfolg wundern, den Sie mit dem Ausbau dieser Stärke haben werden.

Fragen Sie, was die anderen denken und beginnen Sie dann mit dem Zuhören. Das Gehörte können Sie mit eigenen Worten wiederholen. Antworten Sie, dass Sie verstehen, was Ihr Gesprächspartner sagt. Urteilen Sie nicht vorschnell, bemühen Sie sich, wirklich nur zuzuhören. Machen Sie es sich zur Gewohnheit, zu Beginn einer Unterredung systematisch zuzuhören. Wiederholen Sie dabei zwischendurch in eigenen Worten das Gehörte, ohne es zu kritisieren.

Sie müssen dazu nicht mit dem, was ein anderer sagte, einverstanden sein. Erkennen Sie eine andere Sichtweise an und schätzen Sie diese. Versuchen Sie, beim Sprechen wahrzunehmen, wie sich das Gesagte auf den oder die Zuhörer auswirkt. Üben Sie dieses Vorgehen immer wieder.

Es kann gut funktionieren, wenn Sie mit einem potenziellen Geschäftspartner essen gehen, ihn reden zu lassen und einfach nur zuzuhören und erst am Ende des Treffens beginnen, über Ihr geschäftliches Anliegen zu sprechen. Gehen Sie dabei behutsam vor und bieten Sie ihm zuerst das an, was Sie für ihn tun können.

18. Stärke:
Einfühlsamkeit, große Empathie

Mitgefühl, Anteil, Anteilnahme, Einfühlungsvermögen,
Humanität

Unseren Kunden können wir auf viele unterschiedliche Arten begegnen. Die beste Weise davon ist die menschliche, indem wir sie einfach gern haben und uns mit ihren Anliegen identifizieren. In jedem kleinen Unternehmen ist der Kunde ein Partner, mit dem man zusammentrifft, mit dem man spricht, korrespondiert, mit dem man diskutiert und von dem man lernt. Wir können die Kunden auch als Gruppe wahrnehmen, die ein gemeinsames Problem hat. Die Mitglieder dieser Gruppe wissen oft voneinander, dass sie zusammengehören. Das unsichtbare Band des gemeinsam erlebten Bedürfnisses hält sie zusammen. Je besser wir es schaffen, die Probleme der Gruppe zu lösen, desto enger kommen wir mit ihr in Kontakt und desto besser geht es uns im Unternehmen. Wir lernen, diese Gruppe zu mögen und fühlen uns als Teil der Gruppe. Wir denken, handeln und fühlen ähnlich wie die Gruppenmitglieder, wir identifizieren uns mit ihren Problemen, die wir selbst kennen. Das ist Kundennähe. Sie entsteht, wenn man dem Kunden helfen will.

Die Bedürfnisse, Wahrnehmungen, Präferenzen und Verhaltensweisen unserer Kunden sorgfältig und einfühlsam zu registrieren und Anteil zu nehmen, hat zur Folge, dass wir uns voll und ganz für die Zufriedenheit der Kunden engagieren werden.

Im neuen »Mitmach-Web« loben und kritisieren Nutzer Produkte und Unternehmen. Sie produzieren heute bald mehr Marketinginformationen als die Unternehmen selbst. Von klassischen statischen Websites verlagert sich das Interesse der Internetnutzer hin zum »Social Web«. Darunter versteht man lebendige Webseiten, die ihre Leser in allen erdenklichen Formen einbinden. Das ›Mitmach-Web‹ ist sehr gefragt und wächst daher rasant. Die neuen ›Web 2.0‹-Portale leben von nutzergenerierten Inhalten. Dort schreiben Menschen offen, was sie von Produkten und Unternehmen halten. In Weblogs wird fleißig kommentiert, gelästert und gelobt. Schlaue Unternehmen nutzen den Wunsch nach diesem authentischen Dialog und bieten selbst ein Blog an, in dem Mitarbeiter oder der Chef persönlich etwas schreiben. Kommentare sind erlaubt und sogar erwünscht, die Kundenkommentare werden Gewinn bringend mit eingebunden, und so entsteht eine kritische, öffentliche Verbrauchermeinung. Durch das Bloggen wird die traditionelle Mundpropaganda erheblich beschleunigt.

Auch Suchmaschinen schätzen Weblogs sehr. Was bei Amazon mit Buchrezensionen begann, gibt es heute überall, Nutzer registrieren sich auf Plattformen und schreiben selbst. Solche nutzergenerierten Inhalte bringen zusätzlich »Futter« für Suchmaschinen. Je mehr Seiten indiziert sind, desto mehr Suchtreffer gibt es. Dabei ist es egal, ob es sich um ein Gästebuch, ein Diskussionsforum oder einen Produktkommentar handelt.

Kunden können in wenigen Minuten ein Weblog aufsetzen und darin über ihre Erfahrungen berichten. Die Teilnahme an Online-Business-Plattformen wird immer populärer. Die Mitgliedschaft im Business-Netzwerk xing.com gilt in deutschen Marketingkreisen schon fast als Pflicht. Millionen Erwachsene geben täglich echtes Geld in der virtuellen Parallelwelt, das sind Online-Welten wie ›Second Life‹, ›There‹ oder ›Entropia‹, aus. Große Firmen betreiben dort virtuelles und virales Marketing. (Siehe Abschnitt über virales Marketing in diesem Buch, 24. Stärke.) Bevor man sich jedoch darüber den Kopf zerbricht, wie man diese neuen Portale nutzen kann, sollte geklärt werden, ob die traditionellen Instrumente des Internet-Marketing bereits vom Unternehmen ausgeschöpft werden.

Indirekt können Sie diese neuen Möglichkeiten für das eigene Produkt und Unternehmen einsetzen, indem Sie allen tatsächlichen und potentiellen Kunden mit Mitgefühl begegnen. Auf einer praktischen Ebene können Sie das folgendermaßen umsetzten: Gehen Sie davon aus, dass jeder Kommunikation und jeder Handlung aller Menschen jeweils ein bestimmtes und legitimes Bedürfnis zugrunde liegt. Die daraus resultierenden Gefühle sowie die Lösungsversuche in Form von Worten und Taten können völlig verfehlt, ja destruktiv und absolut inakzeptabel sein – im Kern liegt ein ehrenwertes Bedürfnis. Bitte verstehen Sie das nicht falsch – das ist keine Rechtfertigung für irgend jemandes Verfehlungen und Missetaten. Individuen und Gesellschaften müssen sich vor zerstörerischen Auswüchsen schützen – egal wie diese im Grunde motiviert sein mögen.

Dies hier ist vielmehr eine praktische Anleitung für Mitgefühl, speziell vor dem Hintergrund der publizierten Kundenmeinungen im Zeitalter der Internet-Mehrwegkommunikation. Nehmen Sie dazu Anleihen bei der im nächsten Kapitel etwas ausführlicher besprochenen sogenannten »Gewaltfreien Kommunikation« nach Marshall Rosenberg: Gehen Sie felsenfest davon aus, dass jeder Kommunikation eines Kunden ein positives, legitimes Bedürfnis zugrunde liegt. Wenn Sie dieses herausfinden und erfüllen, oder zumindest den anderen empathisch dafür anerkennen, werden sich Kritiker und Angreifer in wundersamer Weise in Unterstützer verwandeln.

Wie finden Sie das wahre Bedürfnis eines unzufriedenen Kunden? Erfragen Sie es. Doch da es auch dem Gegenüber selten bewusst ist, was ihn nun wirklich antreibt, bringt es nichts zu fragen »welches Bedürfnis liegt dem zugrunde, wenn Sie so herumnörgeln?« Schlüpfen Sie vielmehr in seine Haut, und versuchen Sie zu erraten, weshalb der schwierige Kunde frustriert sein könnte. Vielleicht hat ihm die Lieferung einfach zu lange gedauert? Fragen Sie geradeheraus: »Sind Sie verärgert, weil die Lieferung spät kam?« Falls Sie daneben liegen wird er das unwirsch zur Seite schieben und oft klarer zu erkennen geben, worum es ihm ging, beispielsweise »Aber nein, aber dass die Verpackung zerrissen war ist doch unverantwortlich! Da hätte ja was rausfallen können!« In diesem Fall versuchen Sie nicht, sich zu rechtfertigen und alles auf die Post zu schieben, sondern zeigen Sie Mitgefühl mit seiner Situation. »Ich verstehe, Sorgfalt und pflegliche Behandlung Ihrer Waren ist Ihnen wichtig!« könnte in diesem Fall ein guter Wogenglätter sein.

Aber vielleicht lautet seine Antwort auf Ihre erste Frage »Natürlich! Zwei Wochen ist doch unerhört!« Da bringt es nichts, darauf hinzuweisen, dass es erstens nur 10 Tage waren und zweitens in Ihren Geschäftsbedingungen steht, dass Bestellungen innerhalb von drei Werktagen bearbeitet werden, er seine Bestellung am Freitag Abend aufgegeben hatte, durch den Feiertag am Dienstag der dritte Werktag erst am Donnerstag gewesen wäre, Sie die Bestellung ohnehin schon am Mittwoch bearbeitet haben, die dann am nächsten Tag zur Post gegangen war, und dass 4 Tage Postweg absolut super sind, manchmal dauert es eineinhalb Wochen… – damit zementieren Sie nur seinen Ärger.

Zeigen Sie Verständnis für seine Situation und für seine Gefühle, statt Verständnis für Ihre Situation einzufordern. Auch und gerade, wenn der Kunde aggressiv oder unangemessen agieren sollte, ist Mitgefühl sinnvoll und angebracht. Weil das jedoch oft nicht leicht fällt, ist es als kleine Hilfsbrücke vielleicht dienlich, sich seine Bedürftigkeit vor Augen zu halten. Wir können davon ausgehen, dass ein Mensch der so austeilt wohl Unrecht oder Leid erfahren hat im Leben, und seine Ungerechtigkeit oder Aggressivität so betrachten wie das Weinen eines Kindes nach einem Sturz – als Ausdruck von Schmerz, für den es sich Verständnis und Begleitung wünscht.

Erhalten Menschen für ihre verschrobenen Ausdrücke des tiefen Unwohlseins Verständnis und Anteilnahme, lassen sich des öfteren Verwandlungen des Verhaltens beobachten. Wenn es ein Kunde war, der solcherart ermutigt wurde, sein Herz zu öffnen, kann es leicht sein, dass ein Fan und aktiver Werbeträger gewonnen wurde.

Power-Technik:
WIE STÄRKE ICH MEIN MITGEFÜHL?

Für diese Aufgabe wollen wir Ihnen hier zwei sehr unterschiedliche Ansätze nahe bringen:

1. Bearbeiten Sie die Härte des eigenen Herzens mit Powertechniken zur Selbstheilung. Wer meint, selbst keine Herzenshärte zu haben oder gerade keinen Zugang dazu findet, möge sich an Situationen der jüngeren Vergangenheit erinnern, wo Sie von jemandem herzlos und ungerecht behandelt wurden. Und dann stellen Sie sich vor, dass Sie für diese unangenehme Person liebevolles Verständnis aufbringen – und spüren Sie genau hin, welcher Widerstand sich da regt. Das nannten wir die »Härte des eigenen Herzens« – das ist kein Werturteil, sondern so nennen wir eine Art verselbstständigten Schutzmechanismus, entwickelt als höchst menschliche, verständliche Reaktion auf tief in der Vergangenheit verborgene Verletzungen. Dank der Power-Techniken brauchen Sie nicht in der Vergangenheit zu wühlen um etwas zu heilen, sondern Sie können direkt mit der gegenwärtigen Spätfolge arbeiten. Konzentrieren Sie sich auf diesen Widerstand, dieses »Nein«, diese Entrüstung, diese Trauer, oder wie auch immer es sich bei Ihnen anspüren mag. Versenken Sie sich in dieses unangenehme Gefühl, blasen Sie es auf, steigern Sie sich rein. Schon das Wahrnehmen und Anerkennen dieser Gefühle, verbunden mit Selbstliebe, bewirkt eine Menge. Und dann können Sie diese individuell sehr verschiedenen Gefühle rund um den Widerstand behandeln, durch Druck und Beatmung sowie durch anschließendes Klopfen der 7 Meridianpunkte, so wie es unter »Selbstbehandlung mittels Meridian-Therapien« in Teil I beschrieben wurde.

2. Schulen Sie sich in Gewaltfreier Kommunikation. In vielen europäischen Städten werden inzwischen schon Wochenenden und längere Kurse angeboten. Auskünfte erteilen gerne die nationalen Vereinigungen. Dort lernen Sie empathisches, aktives Zuhören. Näheres lesen Sie im nächsten Kapitel, Internet-Links dazu finden Sie im Anhang.

19. Stärke:
Sanftheit

Geduld, Nachsicht, Sanftmut, allmählich, behutsam,
dezent, entgegenkommend, gutgesinnt, höflich,
liebenswürdig, mild, wohl gesinnt, zuvorkommend,
sachte, schonend, sorgsam

Der Amerikaner Marshall B. Rosenberg hat eine Methode entwickelt, mittels welcher man gewaltfrei, gänzlich friedvoll und effizient kommunizieren kann. Diese Methode entstand aus Rosenbergs Auseinandersetzung mit der amerikanischen Bürgerrechtsbewegung in den frühen 1960er Jahren. Mit Hilfe der GEWALTFREIEN KOMMUNIKATION (GFK) nach Rosenberg können wir in behutsamer und sanfter Weise im geschäftlichen Umfeld agieren.[16]

Zu den Prinzipien der gewaltfreien Kommunikationen gehört es, Beobachtungen von Bewertungen zu trennen, die eigenen Gefühle wahrzunehmen und auszudrücken und Verantwortung für sie zu übernehmen und emphatisch zuzuhören.

Gewaltfreie Kommunikation kann in vier Schritten beschrieben werden:

1. Wir beobachten und beschreiben, was wir wahrnehmen und achten darauf, diese Beobachtungen nicht mit Bewertungen zu vermischen. Also nicht: »Du hörst mir nie zu!« sondern: »Du schaust aus dem Fenster, wenn ich mit dir über… spreche und wechselst das Thema.«
2. Als Nächstes sprechen wir aus, was wir beim Beobachten fühlen. Dabei achten wir darauf, nur echte Gefühle zu kommunizieren, zum Beispiel, dass wir irritiert oder enttäuscht sind. Als

---

16   Informationen siehe: www.gewaltfrei.de sowie www.cnvc.org

Gefühle dargestellte Urteile, wie zum Beispiel, dass wir uns vom Geschäftspartner übervorteilt fühlen, sollten wir dabei vermeiden. Wir sagen nicht: »Du nimmst mich nicht ernst!« Sondern »Es irritiert mich und macht mich wütend, weil ich... heute klären möchte«

3. Im nächsten Schritt sagen wir, welche Bedürfnisse hinter unseren Gefühlen stehen. Das kann zum Beispiel ein Bedürfnis nach Verlässlichkeit sein.

4. Daraus folgt dann eine Bitte. Dabei vermeiden wir, zu manipulieren oder zu drohen. Es geht darum, um konkrete Handlungen zu bitten, die unsere Bedürfnisse erfüllen.

Wenn wir auf diese Weise kommunizieren, erhöhen wir die Chance, von unserem Gesprächspartner wirklich verstanden zu werden und mit unserem Anliegen wirklich Gehör zu finden.

Ein weiterer Aspekt der GFK besteht im mitfühlenden Hören. Durch mitfühlendes Hören, wobei wir nicht schon im Kopf an die Antwort denken, und auch nicht innerlich bewerten, erkennen wir mehr und mehr:

• Alles, was ein Mensch tut, ist der Versuch, ein Bedürfnis zu erfüllen.

• Jede Form von Gewalt oder Betrug ist der tragische Ausdruck unerfüllter Bedürfnisse.

• Es ist für alle Beteiligten förderlicher, Bedürfnisse nicht durch Wettbewerb, sondern durch Kooperation zu erfüllen.

• Es bereitet allen Menschen Freude, zum Wohlergehen anderer beizutragen, wenn sie das freiwillig tun können.

Oft fällt es schwer, mitfühlend zuzuhören, wenn man persönlich betroffen ist. Dazu ist eine große Portion Selbstannahme nötig, und ein stabiles Selbstwertgefühl. Daran führt kein Weg vorbei, und die Power-Tipps unterstützen Sie dabei. Marshall B. Rosenberg empfiehlt: Präsent sein, ruhig atmen, innere Distanz einnehmen.

Die gewaltfreie Kommunikation wird auch Giraffenkommunikation genannt, da Giraffen unter den Landtieren das größte Herz, sowie einen sehr langen Hals und recht große Ohren haben. Man kann damit große Empathie, die Bewahrung des Überblicks und gute Zuhörerschaft assoziieren. Die gute Nachricht: Je mehr man übt, um so leichter fällt sowohl das vorurteilsfreie Zuhören als auch das gewaltfreie Sprechen. Gewaltfrei heißt: Frei von Manipulationen, Abwertungen oder Drohungen.

Ab und zu begegnen uns schwierige Geschäftspartner, denn manche Menschen stoßen uns durch ihr Verhalten augenblicklich ab. Mit ihnen friedvoll zu verkehren, erfordert eine Extraportion Sanftmut. Es ist gut, einen Augenblick inne zu halten und sich in Erinnerung zu rufen, dass sehr wahrscheinlich hinter dem Verhalten eines angriffslustigen Quälgeistes eine Unsicherheit, ein Verteidigungsmechanismus steckt, der ihn davor bewahrt, verletzt zu werden. Man kann sich auch klarmachen, dass er sich davor bewahren will, *erneut* verletzt zu werden, denn solche Schutzmechanismen entwickeln sich aus leidvollen Erfahrungen. Wenn Sie Mitgefühl für den verletzten Menschen empfinden können, fällt auch die Sanftheit viel leichter.

Man kann versuchen, eine Umgebung für diese Person zu schaffen, in der sie sich sicher und wohl fühlt. Damit bekommt sie Gelegenheit, das Gute zu offenbaren, das auch sie höchstwahrscheinlich im Inneren trägt. Besonnen, einfühlsam und großzügig zu reagieren, macht sich auch für einen selbst bezahlt, da man sich höchstwahrscheinlich mit dieser Person weniger ärgern wird. Und selbst für punktuelle geschäftliche Kontakte zahlt sich dieses entgegenkommende Verhalten aus.

Seien Sie konsequent in Ihrer Sanftheit, nicht manchmal verständnisvoll und milde, dann wieder urteilend, hart oder abweisend. Vor allem seien Sie konsequent trotz Ihrer Sanftheit, denn sanft heißt nicht inkonsequent, schwach oder ohne eigenen Standpunkt. Sanftheit im Geschäftsleben ist ganz ähnlich wie in der Kindererziehung: klare Grenzen, klare Vorgaben, klare Werte – und viel Geduld sowie freundliche Sanftheit in der Umsetzung. Sanftheit ist die Polsterung, durch welche die Konsequenz der Inhalte, das beharrliche Verfolgen der Ziele und vor allem die Unverhandelbarkeit der Werte für Kinder und Geschäftspartner erträglich werden.

Bleiben Sie auch geduldig mit sich selbst, seien Sie sanft zu sich selbst. Gerade dann, wenn Sie vielleicht einmal nicht so sanft oder konsequent gewesen sind, wie Sie das gerne wären, ist es wichtig, dass Sie sich selbst liebevolles Verständnis entgegenbringen. Denn wenn Sie zu schwach waren, den eigenen Ansprüchen zu genügen, ist auch das ein untrügliches Zeichen, dass entweder das Unvermögen oder die Ansprüche in einer alten Verletzung wurzeln. Lieben Sie sich deshalb dafür, lieben Sie beide Anteile in sich – den strengen und den hilflosen. Ohne sich selbst fertig zu machen oder etwas zu beschönigen begleiten Sie sich selbst in sanfter Güte.

20. Stärke:
Neigung zu Harmonie

Ausgeglichenheit, Ausgewogenheit, Einigkeit, Eintracht,
Friede, Wohlklang, Zufriedenheit, Zusammenklang,
Freundlichkeit, Beruhigung, Entkrampfung, Erholung,
Erleichterung, Gelöstheit.

Gerechtigkeit in der Gesellschaft, Harmonie in der Kunst –
ein und dasselbe.

 Paul Signac, Maler

Die Art, wie wir die Beziehungen untereinander pflegen, ist die Grundlage für die Harmonie, nach der wir streben. Wenn Kunden als bloße Zielgruppen anstelle von Partnern und Lieferanten als Gegenspieler gesehen werden, leidet die Harmonie. Alle Menschen brauchen Harmonie, doch bei hochsensiblen Menschen ist dieses Bedürfnis besonders ausgeprägt. Sie sehnen sich nach Frieden und innerer Harmonie, und sie sehnen sich danach, mit ihrer Umwelt, ihren Mitmenschen und vor allem auch mit ihren höheren Lebenszielen in Einklang zu stehen. Ohne Harmonie, besonders innere Harmonie, funktionieren hochsensible Menschen nicht sehr gut.

HSP haben auch oft eine ausgeprägte Vorliebe für ein harmonisches Zusammenspiel der FARBEN. Ein Produkt in seiner Gesamtheit sollte mit seinen Farben harmonieren und diese untereinander. Den Farben wurde darüber hinaus immer schon ein zusätzlicher Sinngehalt zugeordnet. Grün trägt zum Beispiel die Bedeutung der Fruchtbarkeit, des Friedens, des Weiblichen und vieles andere mehr. Der Schweizer Mediziner und Psychologe C. G. Jung hat versucht, die

Grundfarben mentalen Urtypen zuzuordnen. Die Farbe Grün zum Beispiel steht bei ihm für Sensitivität. Aus naheliegenden Gründen kann Grün auch die Assoziation zu Natur und Landschaft auslösen. Interessanterweise hat eine grüne Oberfläche auch Einfluss auf das geschätzte Gewicht eines Versuchsgegenstands und steht hierbei etwa in der Mitte der Extrema Weiß und Schwarz. Die Farbe Grün mutet uns als realistisch, lebensfroh und naturverbunden an. Es ist jedoch wegen der Vielfalt der Anmutungen nicht möglich und vor allem auch nicht sinnvoll, singuläre Einzelfarben den Anmutungen zuzuordnen. Farbzusammenstellungen sind aussagekräftiger. Für diese kann man einen Kompositionsatlas verwenden. Man entscheidet, welche Zweier- oder Dreierkombination einer vorher definierten Anmutung entspricht.

Sieht man sich die Eindrücke, Empfindungen und Anmutungen an, die den Grundfarben zugeschrieben werden, findet man folgende Charakterbilder:

Rot ordnet sich keiner Farbe unter. Es ist so vorherrschend, dass es sofort die Führung unter allen Farben übernimmt. Rot übt den größten Reiz auf das Auge aus, sodass es neben anderen Farben so aussieht, als ob Rotes unserem Auge viel näher sei als z. B. Grünes oder gar Blaues. Rot ist Ausdruck für Lebenskraft und Energie, sowie Symbol für die Liebe. Es spricht die Gefühle der Menschen an. Das schwere Dunkelrot stellt Würde und feurigen Ernst dar. Hochrot ist die Farbe des Umsturzes. Je heller das Rot wird, desto mehr tritt das Erregende zu Gunsten von Wärme und Freude zurück. In den hellen Tönen, also Rosa, ist Rot heiter, freudig und jung.

Gelb hat eine kräftig anregende, dominierende Wirkung, aber ohne dabei aufzuregen, wie es die Farbe Rot tut. Das reine Gelb ist die hellste Farbe im Farbkreis und das Symbol für Fruchtbarkeit, Überfluss und wird, wenn es sich zum Gold erhöht, zum Ausdruck von Macht. Gelb tritt in den Vordergrund, je heller es ist und nimmt an Kraft zu, wenn es dunkler wird, verliert aber dafür die Heiterkeit.

Grün, besonders das hellere Grün, ist der Ausdruck für Frühling und Jugend. Das dunklere Grün verliert von dieser Symbolhaftigkeit. Grün ist auch die Farbe des gesunden, vollen Lebens. Jedoch, während Orange der Ausdruck des höheren geistigen Lebens ist, ist Grün der Ausdruck des körperlich vollen Lebens. Grün ist die ruhigste aller Farben und kann deshalb Gegensätze ausgleichen. Die Farbe Grün zieht das Auge an, sättigt und kräftigt es. Wird das Grün mit Gelb gemischt, dann wird es aktiver. Mit Braun gemischt wird Grün ernster und schwerer. Blau ist die Farbe des Himmels. Je tiefer das Blau ist, desto spiritueller wird es. Blauschwarz bekommt schon den Klang einer großen Trauer. Blau ist eine kalte Farbe, die stets fern und rätselvoll erscheint, die zwar beruhigt, aber in ihrer Ausstrahlung ernst, kalt und sehnsüchtig ist. Maler sagen, dass Blau ein Loch im Bild mache, das bedeutet, dass Blau immer zurückzuweichen scheint.

Violett ist die merkwürdigste aller Farben. Sie ist nicht kalt und auch nicht warm. Von Violett werden zur Mystik neigende Menschen angesprochen, während sinnenfrohe Personen dem Violett gern aus dem Wege gehen. Blauviolett wirkt ätherisch, Rotviolett feiner, zarter und weiblicher, je heller es ist. Das dunkle Violettrot strahlt Würde aus.

Die Farbe eines Produkts nimmt als Kommunikationselement eine zentrale Rolle ein. Die Farbe ist das preiswerteste, zugleich aber das sensibelste Gestaltungsmittel. Nicht nur die Mode ist ohne eine aktive Farbpolitik undenkbar, auch die Verpackungsgestaltung, das Produktdesign bis hin zu Fragen der Corporate Identity verlangen nach der richtigen Farbgebung.

Das ›Arbeitsblatt PRODUKTFARBE‹ hilft Ihnen, sich zu überlegen, für welche Farbe Sie sich entscheiden wollen.

Farbensammlungen für das Marketing liegen meistens in Form von so genannten Farbregistern vor und werden im Grafik- und Druckbereich verwendet. Auf der Suche nach schönen Farbkompositionen wird man verschiedene Prinzipien aus der Ästhetik anwenden. Komplementäre Farben, zum Beispiel Gelb und Blau, neutralisieren sich gegenseitig. Alle Pastellfarben passen gut zusammen. Von bestimmten Zielgruppen als schön empfundene Farbzusammenstellungen lassen sich jedoch nicht durch die Anwendung allgemein gültiger Regeln finden.

Im Buch »Marketing mit Farben« von Erich Küthe (DuMont, Köln, 1996) finden Sie mehr über die Regeln der Farblehre. Es bietet einen Einblick in den theoretischen Hintergrund, berichtet über interessante Versuchsergebnisse und gibt methodische Anleitungen zu einer erfolgreichen Farbpolitik.

Friede und Entspannung ist Hochsensiblen zumeist ein großes Anliegen. Zart besaitete Menschen scheuen Konflikte, gehen Streitigkeiten aus dem Weg und sind im Regelfall auch Pazifisten. Wie man überflüssige Konflikte durch gänzlich friedvolle Kommunikation vermeiden kann, wurde bereits im vorigen Abschnitt besprochen. In manchen Fällen ist es jedoch zielführender und notwendig, Konflikte auszutragen.

ESKALATIONSTECHNIKEN vom Geben friedlicher Informationen über die Verhandlung bis zum Kampf kommen dann zur Anwendung. Immer noch wichtig ist hierbei, sorgsam mit dem Gegner umzugehen und sich nach dosierter Eskalation wieder um Deeskalation zu bemühen.

Es gibt die Methode der kontrollierten Eskalation, die Christine Bauer-Jelinek in ›Die helle und die dunkle Seite der Macht‹ (Edition Va Bene, Wien 2000) vorstellt. Diese Vorgehensweise kann als Anregung dafür genommen werden, wie mit Konflikten geordnet und vernünftig verfahren werden kann. Bei dieser Methode wird die Eskalation nicht dem Zufall oder den Gefühlen überlassen. Die einzelnen Maßnahmen werden nur schrittweise gesteigert und dazwischen liefert der geordnete Rückzug immer wieder Gelegenheit für rationale Entscheidungen.

Die kontrollierte Eskalation besteht aus mehreren Schritten:
1. Als erster und einfachster Schritt bei der Aufarbeitung eines Interessenkonflikts erfolgt die gezielte Information des Gegenübers. Die Fakten und Hintergründe der eigenen Meinung und

der eigene Standpunkt werden zur Kenntnis gebracht. Die gezielte Information bietet die Chance, einander zu verstehen und eine gemeinsame Lösung zu finden. Einander eine friedliche Lösung ermöglichen zu wollen, ist hier noch Vorbedingung.

2. Wenn die gezielte Information keine Lösung zur Folge gehabt hat, kann als nächste Maßnahme überlegt werden, was dem Partner angeboten werden kann und womit wir zufrieden wären, vom Partner angeboten zu bekommen. Voraussetzung dafür ist nach wie vor ein beidseitiges Interesse an einer gemeinsamen Lösung.

3. In der nächsten Steigerungsstufe, dem kontrollierten Kampf, ist das Ziel, den Gegner von einer Wiederaufnahme der Verhandlungen zu überzeugen. Hierbei sollten keine zusätzlichen Konflikte durch das gegenseitige Zufügen von Verletzungen entstehen, die vom eigentlichen Interessenkonflikt ablenken würden.

4. Beim geordneten Rückzug nimmt man Abstand von seinem Ziel und vermeidet dadurch größeren Schaden.

Am Ende eines Interessenkonflikts sollte man das Geschehene zu verstehen suchen. Dies hilft, in zukünftige kritische Situationen planvoller hineinzugehen und diese leichter zu bewältigen.

GERÜCHTE haben die Macht, Ihre innere Harmonie sowie die Harmonie mit der Umwelt nachhaltig zu stören. Sie entstehen durch ein Informationsvakuum. Wann immer ein Freiraum für Spekulationen entsteht, weil wichtige Fragen ungeklärt bleiben, wird dieses Vakuum durch unbewiesene Informationen geschlossen. Wo in der Kommunikation ein Vakuum entsteht, kann Gift und Müll hineingeworfen werden. Natürlich darf man das nicht zu wörtlich nehmen. Entscheidender für das Verständnis von Gerüchten ist, dass ihnen ein Kommunikations-Vakuum zu Grunde liegt.

Hat man ein Gerücht gegen sich, sollte man schnell und offen informieren und auch unangenehme Dinge ansprechen. Dies ist die effektivste Strategie gegen Gerüchte. Denn nur ein entschiedenes und konsequentes Vorgehen gegen das Entstehen eines Informationsvakuums hilft bei der Bekämpfung von Gerüchten.

Die einzige Möglichkeit ist Aufrichtigkeit von Anfang an. Nur ein konsequenter und beständiger Umgang mit der Wahrheit hilft gegen die erdrückende Macht von Gerüchten. Um negative Gerüchte abzuwehren, sollte man beachten, dass Dementi wie Schuldeingeständnisse wirken können. Versucht man, alle Zweifel zu widerlegen, so würde dies einem negativen Gerücht nur eine gewisse Glaubwürdigkeit verleihen. Die effektivsten Waffen gegen Gerüchte sind aufrichtiges Handeln im Unternehmensalltag.

Gerüchte über seinen Mitbewerber zu streuen, ist nur auf eine einzige Art und Weise legal und moralisch-ethisch vertretbar. Und zwar, wenn sich eindeutig beweisen lässt, dass ein Konkurrent wichtige Informationen zu seinem Unternehmen oder seinen Produkten, welche das Kundenwohl beeinträchtigen, zu vertuschen versucht. Nur dann ist es erwägenswert, beispielsweise Informationen über diese Vorgänge in den Medien zu streuen.

Arbeitsblatt

PRODUKTFARBE

Die primäre Funktion des Produkts ist:

Das Produkt wird benutzt, um zu:

Folgende Personen benutzen das Produkt:

Alter

Geschlecht:

Ausbildung

Wohngebiet:

Die Lichtbedingungen im Anwendungsfall sind:
Tageslicht/Mischlicht/Kunstlicht

Die Bedeutung von Farbe als ordnendes und strukturierendes
Mittel für das Produkt ist:

Vorgegebene Normen für die Produktgestaltung sind:

Arbeitsblatt

PRODUKTFARBE

Erwünschte Farbanmutungs-Wirkung für das Produkt ist:

Sind eher beruhigende oder anregende Farben zweckmäßig?

Stehen für den Käufer ästhetische oder praktische Gesichtspunkte im Vordergrund?

Die Umgebung, in der das Produkt verwendet werden wird, ist:

Ist Fleckunempfindlichkeit oder Unempfindlichkeit der Oberfläche gefordert?

Die wirtschaftlichen Gesichtspunkte hinsichtlich Herstellung und Verarbeitung der Farbtonvorschläge sind:

Bemerkungen:

21. Stärke:
Stimme der Vernunft

Einsicht, Klarsicht, Verstand, Verständigkeit,
Verständnis, Wirklichkeitssinn, Geist, Geistesgaben,
Sachverstand, Sinn, klares Urteil, lichte Augenblicke,
Verstehen, Erkenntnisvermögen, Unterscheidungsgabe,
Auffassungsgabe, Begabung, Einsicht, Intelligenz,
Klugheit, Sachkompetenz

Wenn eine Unternehmensphilosophie wirklich in der Überzeugung wurzelt, dass der Mensch im Mittelpunkt steht, hat sie einen vernünftigen, offenen und sozial verantwortlichen Umgang mit Mitarbeitern und Kunden zur Folge und zieht die Forderung mit sich, ethisches Marketing zu betreiben. Damit verknüpft ist das strategische Marketingziel, sich als sozial verantwortliches Unternehmen zu profilieren.

Viele junge Verbraucher finden es gut, wenn sich Unternehmen für gesellschaftliche Belange engagieren, und interessieren sich dafür, unter welchen sozialen und ökologischen Bedingungen Produkte hergestellt werden. Die neue Werteorientierung des Verbrauchers bringt mit sich, dass Verbraucher zunehmend Entscheidungen treffen, die auf Überzeugungen beruhen und so ihre persönliche soziale Verantwortung ausüben. Gesellschaftliches Engagement von Unternehmen stößt auf breite Zustimmung und hat signifikanten Einfluss auf Image und Markenpräferenz.

Negative Nachrichten haben deutlich negative Auswirkungen auf die Kaufbereitschaft, ob sozial oder umweltbezogen. Negative Schlagzeilen, wie zum Beispiel schlechte Arbeitsbedingungen oder durch Unternehmen verursachte Naturschäden beeinflussen das Kaufverhalten. Ein guter Arbeitgeber zu sein ist eine bedeutende Imagekomponente. Unternehmen, die sich für verbesserte Arbeitsbedingungen einsetzen, werden geschätzt. Umweltengagement wird mit positiver Wertschätzung honoriert. Unternehmen, die sich für die Reduzierung und Vermeidung von Umweltbelastungen einsetzen, werden bevorzugt, gesellschaftliches oder ökologisches Engagement ist kaufentscheidend. Kunden kaufen, wenn sie die Wahl haben, lieber Produkte von Unternehmen, die sich für die Lösung sozialer und ökologischer Probleme einsetzen. Die Verbindung mit einem guten Zweck kann wettbewerbsentscheidend sein, denn Menschen greifen gern zu demjenigen Produkt, bei dem sie gleichzeitig mit dem Kauf einen Beitrag für einen guten Zweck leisten können. Es gibt ein hohes Maß an Akzeptanz für ethisches Marketing und sowohl das Bewusstsein als auch die Nachfrage steigen. Durch ethisches Marketing gewinnen alle Beteiligten.

Es gibt immer wieder schwierige Probleme, denen man sich gegenübersieht. Wir können unseren Verstand benutzen, um sie zu lösen, haben manchmal lichte Augenblicke, in denen uns dies spontan gelingt oder wir schaffen es Schritt für Schritt, eine Lösung herauszuarbeiten. Doch manchmal kommen wir nicht weiter. Jeder hat irgendeine Vorstellung von einer höheren Macht, von Gott, dem Schicksal, von einem Geist, der hinter allem steht, selbst wenn man sich für einen Atheisten hält. Wer nicht an eine höhere Macht, an eine Kraft des Lebens und ihre Intelligenz glaubt, kann sich das Vorhandensein und die Bauweise eines Baumes, der Sterne, von Tier und Mensch nicht erklären. Irgendeine Energie hat diese Dinge auf diese Art entstehen lassen, wer diese Energie oder Kraft nicht Gott nennt, nennt sie Physik, Zauberei oder sonst wie, und dies ist unsere höhere Macht. Wenn wir ein Problem nicht lösen können, dann können wir es unserer höheren Macht übergeben, anstatt uns weiterhin Sorgen zu machen, die zu nichts führen. Viele Menschen nennen dies Beten, aber jeder kann es nennen, wie er will. Das Problem in die Hände der höheren Macht zu legen und diese zu fragen, was ihr Wille ist, ihr die Antwort zu überlassen, wird die Einzelheiten des betreffenden Problems regeln, das man selbst auch mit Hilfe der einem zur Verfügung stehenden Mitmenschen nicht lösen kann. Schritt für Schritt wird man gezeigt bekommen, was zu tun ist. Es mag sein, dass der Weg des Unternehmens in eine völlig unerwartete Richtung führt, wer jedoch an die Leitung von oben glaubt, wird wissen, wohin er gehen soll und wie.

Power-Technik:
VERNÜNFTIG DENKEN
IN SCHWIERIGEN LAGEN

1. Verankern Sie sich im Jetzt, indem Sie Ihre Aufmerksamkeit ganz in den Körper verlagern. (Der Körper lebt nur in der Gegenwart.) Spüren Sie bewusst, wie Ihre Füße am Boden ruhen, Ihr Gesäß auf der Sitzfläche, verlagern Sie Ihr Gewicht ein wenig mit viel Achtsamkeit. Nehmen Sie einige tiefe Atemzüge und nehmen Sie wahr, wie die ein- und ausströmende Luft Ihren Brustkorb bläht und wieder zusammensinken lässt, etc. Tun Sie das für drei bis fünf Minuten, ehe Sie mit dem Bedenken der Situation beginnen.

2. Denken Sie schriftlich. Notieren Sie die Problemstellung, Ihre Gedankenketten zum Thema, sinnige und unsinnige Assoziationen dazu, sowie alle Lösungsideen, realistische wie unrealistische. Was wirklich Sinn macht und realistisch ist, bewerten Sie besser in einem späteren, separaten Arbeitsgang.

3. Notieren Sie ebenfalls alle Gefühle und Emotionen, die während des schriftlichen Denkens auftreten. Dort, wo sie in klarem Zusammenhang stehen mit einer Überlegung auf Ihrem Denk-Blatt, schreiben Sie die Gefühlswahrnehmung dort dazu. Setzen Sie das in eckige Klammern oder heben Sie es in ähnlicher Weise vom Inhaltlichen ab. Allgemeinere Gefühlswahrneh-

mungen, die wohl eher mit dem gesamten Thema zu tun haben, notieren Sie auf einem separaten Blatt oder als separaten Punkt.

4. Bearbeiten Sie alle körperlichen Symptome – beispielsweise Würgen im Hals, Druck im Kopf, Knoten im Magen, Übelkeit im Bauch – sowie Gefühle wie Ohnmacht, Wut oder Verwirrung und starke Ängste mit der Meridian-Atmung und anschließendem Klopfen. Leichte Ängste (SUD 1 bis 3) sind in schwierigen Situationen durchaus angebracht, und als Signal zur besonderen Achtsamkeit zu werten. Behandeln Sie die intensivsten Eindrücke zuerst.

Ein Wort zur Beruhigung: sollte eine dieser Wahrnehmungen keine emotionale ›Altlast‹ und damit Behinderung sein (beispielsweise das Gefühl ›das schaffe ich nicht‹), sondern eine intuitiv korrekte Einschätzung der Situation (und somit der klare Impuls, den geordneten Rückzug anzutreten oder einen ganz anderen Weg einzuschlagen), wird auch eine Stunde Meridian-Atmung nichts oder nur insofern etwas ändern, dass sich die Ahnung aus dem Fühlen mehr ins Wissen bewegt. Power-Therapien sind keine Gefühls-Löscher, sondern sie heilen alte Wurzeln von heute nicht angebrachten Gefühlen – und lassen somit die gegenwärtig korrekten Reaktionen des vielschichtigen Selbst deutlicher wahrnehmen und passend interpretieren.

5. Als nächstes wiederholen Sie Schritt 2, zuerst ohne und dann mit den ursprünglichen Notizen.

6. Sichten, ordnen und bewerten Sie Ihre Lösungsideen. Falls Sie das Bewerten und Konkretisieren zusammen mit einer oder einigen Personen Ihres Vertrauens tun können, ist das förderlich – idealerweise mit mindestens einer gegengeschlechtlichen Person.

7. Sollten Sie auf dem eben beschriebenen Weg zu keinen ermutigenden Ergebnissen kommen, tragen Sie Ihr Anliegen vor die Höhere Instanz. Dabei sind mehrere Dinge empfehlenswert: Im Dienste des klaren Denkens und Fühlens ist auch hier die Schriftform angeraten. Im Zuge dieser Kommunikation deklarieren Sie auch Ihre Unfähigkeit, sich in dieser Angelegenheit

selbst à la Münchhausen am eigenen Schopf aus dem Schlamassel zu ziehen.

Ehe Sie Ihr Anliegen vorbringen und um eine Antwort, Lösung, Führung oder Hilfe bitten, versetzen Sie sich in den Zustand der Dankbarkeit. Tun Sie das – auch schriftlich – indem Sie sich verschiedene Aspekte Ihres Lebens oder der jüngeren Vergangenheit bewusst machen, für die Sie dankbar sind. Machen Sie dabei kleine Schreibpausen, in denen Sie sich möglichst intensiv in das Gefühl der Dankbarkeit begeben. Tragen Sie möglichst viel von dieser Dankbarkeit weiter in den Teil des Bittens. Fragen Sie dabei möglichst konkret um Qualitäten, aber nur vage um Manifestationen. Bitten Sie also z. B. um Freude und Zufriedenheit mit Ihrer beruflichen Entwicklung, nicht jedoch um einen ganz konkreten Vertragsabschluss.

8. Bauen Sie schwierigen Situationen vor, indem Sie diese schriftliche Form der Kommunikation des Dankens und gelegentlichen Bittens zu einem fixen Teil Ihrer Tagesroutine machen – 15 Minuten täglich etablieren eine verlässliche Schiene. Darüber hinaus wird dadurch das Gefühl der Dankbarkeit zu Ihrem regelmäßigen Begleiter, und das ist ein Schlüssel zu einem erfolgreichen Leben.

9. Wie hören Sie die Antwort? Woran erkennen Sie die Interventionen der Höheren Instanz? Unserer Erfahrung nach sollten Sie nicht mit Stimmen rechnen, die Ihnen den Weg weisen. Die ›Antworten‹ werden vermutlich viel eher Fügungen und Entwicklungen des Lebens sein, die sich ergeben. Das kann im Außen stattfinden, oder auch ein Einfall oder ein Aspekt der Situation sein, der neu in Ihr Bewusstsein tritt oder in neuem Licht erscheint. Diese Art der Antwort kann an jedem Moment des Prozesses stattfinden – denn auch der in den Punkten 1 bis 6 beschriebene ›selbstständige‹ Lösungsversuch kann bei Menschen, die sich ständig der eigenen Abhängigkeit von höherem Walten bewusst sind, einen mehr oder weniger bewussten Akt des ›Hintragens vor die Höhere Instanz‹ darstellen. Erkennen können Sie die ›wahren‹ Problemlösungen einerseits daran, dass sie folgerichtig und simpel wirken, auch wenn Sie

intellektuell noch nicht alle Details kennen oder rational nachvollziehen können. Andererseits sollten Sie in sich hineinhören, während Sie die Lösung in sich bewegen: Spüren Sie dabei eine Ruhe, einen Frieden, eine Weichheit und eine gewisse Erleichterung? Dann gehen Sie in diese Richtung weiter. Haben Sie mit der Antwort eine Anspannung, eine Verhärtung, eine Schwere oder eine Unrast verbunden, so handelt es sich unserer Erfahrung nach nicht um eine rein empfangene Lösung der Höheren Instanz.

22. Stärke:
Verständnis
für die Natur

Umwelt, Sinn, All, Schöpfung, Kosmos, Weltall, Erde.

Unsere Gesellschaft bedient sich der Schätze der Natur in einer Weise, die bis zur Ausbeutung geht. Der Markt respektiert keine natürlichen Grenzen und führt so in immer größerem und beunruhigenderem Ausmaß zu Verschmutzung, Ausnutzung, Herabwürdigung und Zerstörung unserer natürlichen Umwelt. Regenwälder werden in rasanter Weise abgeholzt, um der Nachfrage an Edelholz und an kurzfristig nutzbarer landwirtschaftlicher Fläche nachzukommen, Meere werden leer gefischt, weil alle Fisch essen wollen, Böden werden mit Düngemitteln auf Hochleistung getrimmt.

Umweltkatastrophen kosteten Wohlstand, und die Sorge um die Knappheit von Ressourcen wird immer größer. Ein anderes Verständnis der Bewirtschaftung von Natur und Umwelt wird immer notwendiger. Sie muss auch in ihrer natürlichen Umwelt funktionieren. Es muss ein neuer Zugang gefunden werden, der Wirtschaft als gesellschaftliche Aktivität mit biophysischem Ausmaß begreift. Hierbei ist mehr gefordert, als ein paar Statistiken zur Umweltverschmutzung zu tippen.

Ein neues Verständnis von Wirtschaft und Gesellschaft auf nationaler und internationaler Ebene wird gebraucht, das Wohlstand neu definiert und der Politik Anleitungen dazu in die Hand gibt. Nur so kann eine Form des Wirtschaftens erreicht werden, welche die Grenzen ihrer Umwelt berücksichtigt.

Im Gegensatz zu biophysischen Größen wie Arbeitszeit und Warenströmen fehlt dem Geld jeder Bezug zu Natur und Umwelt.

Ihm sind keine physischen Schranken gesetzt, es ist scheinbar unbegrenzt vorhanden. Diese Eigenschaft des Geldes ermöglicht es der Wirtschaft, naturgegebene Beschränkungen menschlichen Handelns zu leugnen. Geld ermöglicht grenzenlose Tauschgeschäfte, die alle materiellen Schranken sprengen. Mit Geld können Rohstoffe der Natur gekauft werden. Orientiert man sich nur am Geld, gibt es keine Grenzen. Diese Orientierung reicht aber nicht aus, um die Eingebundenheit des Menschen in seine Umwelt, die Verantwortung für sie und die Abhängigkeit von ihr, zu begreifen. Die Mängel einer nur auf Geld basierenden Wirtschaft sind offensichtlich.

Jeder Geschäftsinhaber ist auch für die Umwelt verantwortlich. Jeder Betrieb oder Industriezweig kann die Umweltverschmutzung verringern und einen nachhaltigen Umgang mit Ressourcen anstreben. Fühlen Sie sich verpflichtet, den eigenen Unrat umweltfreundlich zu entsorgen, egal, ob dies im Einzelfall gesetzlich vorgeschrieben ist oder nicht. Setzen Sie sich mit der Thematik »Ökologischer Fußabdruck«[17] auseinander.

Holen Sie sich möglichst viel Natur an Ihren Arbeitsplatz – das gibt Ihnen Kraft und macht die Räumlichkeiten auch für Besucher und Kunden attraktiver. Die simpelste Möglichkeit dazu stellen Bilder dar. Je nach Vorliebe können das Fotos oder realistische Gemälde von schönen Landschaften, Berggipfeln, Sonnenaufgängen, Wasserfällen oder Waldwegen sein, Bilder von Pflanzen, Blüten oder Details in Nahaufnahme. Dies können Fenster in eine Welt sein, in der die freie Natur herrscht.

Topfpflanzen sind ebenfalls ein sehr verbreitetes Mittel für diesen Zweck. Auch Naturholz und Steine sind für manche Menschen ideale Repräsentanten des Wilden und Natürlichen. Auch ein malerisches Stück Treibholz vom letzten Meeresurlaub kann sehr dekorativ sein und den Zweck des Botschafters der freien Elemente gut erfüllen. Naturformen und Bilder können Ihre Intuition stärken und Ihnen innere Ruhe und Gelöstheit vermitteln.

---

17 Näheres im Internet: www.mein-fussabdruck.at sowie www.earthday.net

Naturgeräusche stellen eine weitere, unübliche Methode dar, um mehr Natur ins Büro, das Geschäft oder die Werkstatt zu holen.

Das wachsende Bedürfnis von Konsumenten, ökologisch und sozial verantwortungsvolle Kaufentscheidungen zu treffen, sowie der gegenwärtige Mangel an diesbezüglichen Angeboten, bieten innovativen Unternehmern ein weites Betätigungsfeld. Dazu wieder ein Beispiel:

Beispiel
»Weltcafé«, Wien www.weltcafe.at

Das Weltcafé in Wien bezeichnet sich als den ersten Gastronomiebetrieb Österreichs, der konsequentes verantwortungsvolles Wirtschaften mit dem Ambiente eines modernen Szenelokals verbindet.

Dazu die Betreiber:

»Wir haben uns zum Ziel gesetzt, ein gastronomisches Lokal aufzubauen, das seine Waren zu 100% aus dem fairen Handel oder aus biologischer Landwirtschaft bezieht. Das Weltcafé erfüllt mehrere Funktionen:

- *neue Absatzkanäle für Bauern aus dem fairen Handel und für die biologische Landwirtschaft*
- *Vorzeigebetrieb, der wirtschaftlich rentabel mit ethischen Grundsätzen arbeitet*
- *Verbreitung des »fairen« Gedanken*
- *anschauliches Beispiel, dass fair + bio = geschmackliche und ethische Qualität ist*

Die Gäste erhalten ausschließlich fair gehandelte und biologische Produkte und bezahlen dafür nicht mehr als in anderen Lokalen mit vorwiegend studentischem Publikum. Das Weltcafé führt das Umweltzeichen für Gastbetriebe und zeigt damit, dass betrieblicher Umweltschutz großgeschrieben wird und verantwortungsvolles Handeln nicht bei den Speisen und Getränken aufhört.«

In Kooperation mit diversen NGOs finden im Café Filmvorführungen, Podiumsdiskussionen und andere Veranstaltungen zu entwicklungspolitischen Themen statt.

23. Stärke:
Intensives Empfinden

Fühlen, Spüren, Tasten, Wahrnehmen, Reflexion.

Damit ein Unternehmen oder Geschäft wachsen und gedeihen kann, muss man es lieben. Es gibt viele Gründe, sein Unternehmen zu lieben. Es bietet die Gelegenheit, die verschiedensten Menschen kennen zu lernen, eine Menge Geld zu verdienen, andere zu beeinflussen, zu reisen und die Welt zu verändern.

Sein Unternehmen zu lieben, heißt, sich mit ganzem Herzen auf dessen Erfordernisse einzustellen, und es bedeutet auch, ihm einen Großteil seiner Zeit und Aufmerksamkeit zu widmen. Es bedeutet, mit Leidenschaft voll und ganz bei der Sache zu sein und zu bleiben. Diese Liebe zum Geschäft ist einfach unerlässlich für das Überleben des Unternehmens. Langjährig erfolgreiche Unternehmer können aus Erfahrung sagen, dass man sein Geschäft lieben muss, um den Herausforderungen, die es unweigerlich mit sich bringt, gewachsen zu sein.

Ein Unternehmen zu führen, ist viel schwieriger und kostet viel mehr Zeit und Energie, als es sich die meisten Menschen anfangs vorgestellt haben. Das ist vielleicht vergleichbar mit der Elternschaft. Auch sie gelingt meist nur deswegen, weil eine Menge Liebe im Spiel ist. Eine der größten Hürden, mit denen der Selbstständige konfrontiert wird, ist die unaufhörliche Flut täglicher Probleme. Man steht vielleicht nicht nur hinter der Theke und verkauft von morgens bis abends, was an sich schon anstrengend ist, darüber hinaus schlägt man sich auch noch mit Rechnungen, Konzessionen, Umsatzsteuer, Diebstahl, dem Telefon und schwierigen Kunden herum. Verkauft man zu wenig, gerät man unter finanziellen Druck, außerdem kann einem auch ein gut gehendes Geschäft gelegentlich langweilig werden.

Seien es jetzt Alltagsprobleme und Langeweile oder große finanzielle oder sonstige Krisen: um all diese Hindernisse zu überwinden, die das Überleben eines Unternehmens bedrohen, muss man es lieben. Schon eine gewisse Mindest-Leidenschaft fürs Geschäft hilft über schwierige Phasen hinweg und trägt natürlich gleichzeitig dazu bei, das Geschäft zu beleben.

24. Stärke:
Intuition

Ahnungen, Hellsehen, Eingebung, Geistesblitz,
Instinkt, Spürsinn, Gestaltungsfreude, Idee, Kreativität,
Gestaltungskraft, Ideenreichtum, Originalität,
Produktivität, Erfindergabe

Man kann sich wohl in einer Idee irren,
man kann sich aber nicht mit dem Herzen irren.

Fjodor Michailowitsch Dostojewski

Hochsensible Unternehmer können ihren oft sehr gut ausgebildeten Spürsinn und ihre Intuition dazu benutzen, um aus dem täglich
wachsenden Angebot von verschiedensten modernen Marketingfor-
men und Kommunikationsmedien und –kanälen diejenigen auszuwählen, welche sich für ihre speziellen persönlichen Stärken sowie
für ihre Produkte und Zielgruppen besonders eignen.

Viele Instrumente, die unter ›Web 2.0‹ subsumiert werden, sind
im Grunde nicht neu. Zusätzlich zu dem, was über Events oder
Newsletter-Marketing initiierbar ist, kann über bereits existierende
sogenannte ›Social Networks‹ wie ›you-tube‹, ›sevenload‹, ›sanga.
cc‹, ›myspace‹, ›flickr‹ oder ›Xing‹ vieles erreicht werden. Ganz besonders wichtig ist dabei, dass das Produkt dem gewählten Medium
bzw. der damit verbundenen Zielgruppe entspricht – denn diese sind
in den genannten Netzwerken teilweise sehr unterschiedlich. Die geringste Gefahr, diesbezüglich daneben zu greifen, besteht dort, wo
das Produkt ein persönliches Herzensanliegen des hochsensiblen
Unternehmers darstellt. In dem Fall, wo das Produkt quasi ein Spiegel eines Teils der Persönlichkeit ist, ist jene soziale Community, in
der sich der Unternehmer persönlich wohl fühlt, ideal.

BUZZ-MARKETING ist Mundpropaganda, die ein Produkt schon vor dessen Verfügbarkeit zum begehrten und viel erwarteten ›Must-Have‹ aufbaut oder ein bestehendes Produkt schnell und glaubwürdig umpositioniert. Es basiert auf der Wirkung traditioneller Mundpropaganda, also persönlicher Empfehlungen von Person zu Person, verknüpft mit einem echten Produkterlebnis. Beim Buzz-Marketing (to buzz = summen) sprechen ausgewählte Privatpersonen mit Ihren Freunden und Kollegen in einem natürlichen, ungezwungenen Kontext über das zu bewerbende Produkt, welches sie exklusiv und kostenlos erhalten. Sie berichten dann darüber hinaus ihrem erweiterten Bekanntenkreis per Email und diskutieren es in Internet-Foren und Blogs. Sie versuchen nicht, das Produkt zum eigenen Vorteil zu verkaufen, sondern treten als echte Fans auf, die ihre Mitmenschen einfach mit Begeisterung anstecken wollen.

Wenn diese hippen Varianten des Marketings in den entsprechenden Büchern auch immer im Zusammenhang mit großen Unternehmen und Marken, welche in anonymen Märkten agieren, dargestellt werden, so lassen sich viele doch auch maßstäblich verkleinern für die spezielle Situation der Mikrounternehmen. So kann ein Wellnessanbieter eine neue Massageart, eine Behandlung mit heißen Steinen, Klangschalen oder sonst eine neu erlernte Erweiterung seines Repertoires zuerst im Bekanntenkreis verschenken. Dafür werden schwerpunktmäßig jene Menschen auserkoren, die für ihren großen Freundeskreis und ihr aktives Sozialleben bekannt sind. Die Behandlung kann in zwanglosem Rahmen mit Tee und Geplauder stattfindet, bei dem dann auch noch die neuen Visitkarten hergezeigt werden mit der Bitte um Feedback. Dann kann damit gerechnet werden, dass die beschenkte Person eine Handvoll der Geschäftskärtchen mitnimmt und auch mit begeisterten Erzählungen begleitet austeilt. Ein Hersteller von handgerührter Bio-Kosmetik kann das mit Probefläschchen des neuen Massageöls tun, eine Webdesignerin mit Homepages für die Vereine, in denen Freunde Mitglied sind, ein Berater für Hochbegabte mit Beratungen, und eine Seminarköchin lädt eine Freundesrunde zum Abendessen ein.

CRM (Customer Relationship Management) bezeichnet den Aufbau, die Pflege und die Verwaltung von langfristigen Kundenbeziehungen. Diese Beziehungen beinhalten die Etablierung eines direkten und persönlichen Dialogs mit Kunden, der langfristig das Unternehmen als Freund des Kunden positionieren und damit die Markentreue erhöhen soll. CRM ist darauf ausgerichtet, den Erfolg des Unternehmens langfristig zu steigern, sowie zu gezielten Zeiten den Abverkauf bestimmter Produkte per Direktmarketing zu steigern.

Sie selbst müssen an Ihre Vorteile glauben. Mit Ihrer Intuition können Sie Trends feststellen und Bedürfnisse oder Marktnischen vor anderen erkennen. Wenn Sie selbst von einer Sache angetan sind, besteht eine gute Chance, dass andere es auch sind oder sein werden, wenn Sie ihnen die Gründe erst einmal dargelegt haben. Sind Ihre Interessen nicht allzu ungewöhnlich, müssten sie sich in bereits existierende Berufe einbringen lassen. Wenn Ihre Vorlieben außergewöhnlich sind, sind Sie wahrscheinlich Experte auf einem Gebiet und irgendjemand wird irgendwann auf Sie zukommen, besonders, wenn Sie Ihre Vision erst einmal anderen mitgeteilt haben. Hochsensible Personen ahnen es oft, wenn manche Trends sich halten und äußerst wichtig werden könnten.

Trends und Veränderungen bieten stets neue Chancen, so zum Beispiel auch der demografische Wandel. In den Medien schürt dieses Schlagwort Ängste vor der Zukunft. Er bedeutet, dass weltweit die Geburtenraten sinken und der Anteil alter Menschen an der Gesamtbevölkerung wächst. Und so kommt es, dass die Generation 50plus nicht nur die größte, sondern auch die wichtigste Konsumentengruppe des 21. Jahrhunderts sein wird. Sie verfügt über immense Kaufkraft und vielfältige Bedürfnisse und wird als die wichtigste Konsumentengruppe der Zukunft die Wirtschaft verändern. Unternehmen, die es schaffen, sich rechtzeitig darauf einzustellen, werden vom demografischen Wandel profitieren. Auf die sich stets ändernde Umwelt reagiert ein erfolgreiches Unternehmen, indem es sich darauf einstellt, Strömungen beachtet und laufend neue Technologien integriert.

Aber nicht nur Unternehmer sind intuitiv, auch hochsensible Kunden. Taucht ein neues Produkt am Markt auf, oder eine neue Idee zum Beispiel in Form eines Buches, welches hochsensible Menschen intuitiv als wichtig für zukünftige Entwicklungen erachten, beginnen viele von ihnen diese Information oder Idee aktiv zu verbreiten. Marketingmenschen haben das beobachtet, und daraus die Idee des VIRALEN MARKETINGS entwickelt. Damit ist eine neue Disziplin der Vermarktung von Unternehmen, Produkten und Dienstleistungen entstanden, die sich dem Ziel verschrieben hat, geplant Mundpropaganda zum Zwecke der Vermarktung von Unternehmen und deren Leistungen auszulösen und diese Gewinn bringend zu nutzen.

Kaum ein anderes Marketinginstrument hat jemals dieses Potenzial gehabt, die klassische Massenkommunikation derart zu revolutionieren wie das virale Marketing. Nicht unbedingt aufgrund der Tatsache, dass die Verbreitung der Marketingbotschaft durch den Kundenmund wesentlich kostengünstiger ist als herkömmliche Kommunikationsinstrumente, viel entscheidender ist, dass das virale Marketing anders als traditionelle Werbung die natürlichen Beziehungen und Kommunikationswege in menschlichen Netzwerken ausnutzt. Dadurch, dass eine Botschaft den aufdringlichen Charakter eines Werbeversprechens verliert, indem sie von Freund zu Freund weiter getragen wird, können enorme Potenziale in der Kundenkommunikation erschlossen werden.

Grundvoraussetzung ist jedoch, dass Unternehmen und Kunde gleichermaßen gewinnen. Gurus des viralen Marketings empfehlen, ein Gerücht zu lancieren, denn auch der Konsument profitiert dadurch, dass er etwas Interessantes erlebt und zu erzählen hat. Das Unternehmen profitiert dadurch, dass die Kunden keine Abneigung gegenüber der Werbebotschaft entwickeln und offener sind. Kein Mensch lässt sich freiwillig vor den Karren eines Unternehmens spannen. Jeder Versuch, es trotzdem zu tun, führt in der Regel zum Scheitern. Im Kaufentscheidungsprozess spielen gerade Freunde oder Bekannte eine große Rolle, da ihnen in der Regel mehr Vertrauen entgegen gebracht wird als Werbebotschaften oder Hochglanzkatalogen. Wir glauben jedoch, dass alle Unternehmen, die ein innovatives und tatsächlich gutes Produkt anbieten, welches auch an hochsensible Menschen gerichtet ist, ganz von selbst von viralen Aktivitäten unterstützt werden.

Beim Wort Mundpropaganda kommen einem zuallererst Kundenempfehlungen in den Sinn. Menschen propagieren bewusst verlässliche Handwerker oder einwandfrei funktionierende technische Geräte. Für das virale Marketing spielt diese Art von Empfehlungen jedoch weniger Rolle, da sie aus einer engen Beziehung zwischen Unternehmen und Kunde herrühren. Für das Virusmarketing sind vor allem Gelegenheitsempfehlungen relevant. Das sind solche, die sich kurzfristig ergeben. Hierzu zählen unspezifische Empfehlungen wie Gerüchte und Geschichten, aber auch spezifische Tipps wie etwa der Hinweis auf ein interessantes Buch, eine informative Website oder einen neuen Kinofilm. Die aktive Variante des viralen Marketings stellt die natürliche Form der Weiterempfehlung dar. Hierbei wird ein Konsument selbst aktiv und empfiehlt einer anderen Person eine bestimmte Leistung. In der passiven Variante verbreitet der Kunde die Information über ein Angebot allein durch die Nutzung desselben. Neue Personen erfahren von der Existenz des Angebots nicht direkt durch eine andere Person, sondern durch die Nutzung des Produkts oder der Dienstleistung selbst. Diese Art des viralen Marketings wurde vor allem durch das Internet geprägt. Wer zum Beispiel einen kostenlosen Account beim E-Mail-Provider GMX einrichtet, versendet automatisch mit jeder seiner Mails eine Empfehlung für GMX. E-Mail für E-Mail verrichtet der Nutzer Empfehlungsarbeit für GMX, ohne dabei selbst aktiv werden zu müssen.

Grundsätzlich ist virales Marketing an kein spezifisches Medium gebunden. Es ist jedoch kein Zufall, dass gerade mit der Entwicklung des Internets die Diskussion über das gezielte Auslösen von Mundpropaganda eine Renaissance erlebt. Grund dafür sind die enormen Geschwindigkeiten mit der sich Informationen mittels Websites, Foren oder E-Mails verbreiten können. Nur wenige Gerüchte und

Geschichten erreichen außerhalb des Internets überhaupt eine kritische Masse. Wenn jemand in der Offline-Welt eine Empfehlung aussprechen will, so ist der Empfängerkreis dieser Empfehlung durch die zur Verfügung stehende Zeit und die Reichweite des Empfehlenden begrenzt. Ein normaler Mensch trifft nur eine Hand voll von guten Bekannten in der Woche. Es ist unwahrscheinlich, dass jemand zum Telefon greift und alle seine Freunde anruft, nur um ihnen eine Empfehlung für ein Produkt auszusprechen. Anders verhält es sich online. Einen Tipp per E-Mail muss der Nutzer nur an die Adressen von Freunden, Kollegen und Bekannten weiterleiten. Nicht nur die elektronische Post eignet sich hervorragend für das virale Marketing. Das Internet bietet viele weitere Möglichkeiten. In Chats und in Tausenden von Foren tauschen sich täglich Millionen von Menschen über alle denkbaren Themen aus. Dabei wird eine ausgesprochene Empfehlung nicht nur von den Diskussionsteilnehmern selbst gelesen, sondern auch von Hunderten anderen Nutzern, welche die Diskussion verfolgen oder das Internet durchstöbern.

Das Neue am viralen Marketing im Vergleich zu herkömmlicher Mundpropaganda ist, dass die virale Lawine gezielt ausgelöst wird. Es werden bereits bestehende soziale Netzwerke in der Zielgruppe wie Freunde, Bekannte, Arbeitskollegen, Nachbarn mit einer Botschaft infiziert, die sich dann wie eine Epidemie oder ein Virus in kürzester Zeit von Mensch zu Mensch verbreitet. Die wesentliche Voraussetzung ist, dass die Botschaft virulent, also ansteckend, sein muss. Als Erstinfizierte sind die effektivsten Überträger auszuwählen. Die Botschaft muss so gestaltet werden, dass niemand das Gefühl hat, manipuliert zu werden. Sie regt die Empfängerschicht dazu an, sie an Freunde und Bekannte freiwillig weiterzugeben.

Erfolg hat hier, was Spaß macht und so gestaltet ist, dass der Empfänger die Botschaft an möglichst viele Freunde weiterleitet. Die Nutzer erleben die Botschaft nicht als lästige Werbung, sondern als willkommene Bereicherung. Jeder Angesteckte wird selbst zum neuen Überträger. Durch diese freiwillige und aktive Einbindung fühlt sich der Konsument als Teil eines größeren Ganzen und ist im besten

Falle damit ein begeisterter Fan der Marke. Nach der ersten Ansteckung fallen keine weiteren Kosten für die Verbreitung der Inhalte an, da diese von der Zielgruppe freiwillig übernommen wird.

Kleider machen Leute, und beim viralen Marketing machen die Verpackungen Botschaften. Die Verpackung der viralen Botschaft kann zum Beispiel ein Dokument oder ein Gerücht sein. Die richtigen Foren oder Blogs dienen zum Beispiel als geeigneter Brutplatz, in den das Virus platziert wird. Das heißt aber nicht, dass virales Marketing nur im Internet möglich wäre. Ein Gerücht zu einer Marke breitet sich auch über Gespräche im Büro aus. Jedoch sind Internet und E-Mail enorme Beschleuniger. Soviel zum viralen Marketing.

Nun weiter zur Intuition. Probleme werden oft in intuitiven Sprüngen und durch plötzliche Einsicht gelöst. Unsere besten Ideen entstehen häufig dann, wenn wir nicht bewusst nach Lösungen suchen. Menschen mit Intuition können durch ihr vorausschauendes Geschick sehr geschäftstüchtig sein. Wann immer sie von ihrer Intuition Gebrauch machen, gelingen ihnen Problemlösungen, die durch Originalität und Ideenreichtum glänzen.

Vor allem auch Künstler sind dazu in der Lage, Ideen zu verwerten und auszudrücken, die aus ihrem Unterbewusstsein strömen. Um mehr Ideen zu haben, wenden sich Künstler oft Drogen, Alkohol und Medikamenten zu. Selbstverständlich wird an dieser Stelle davor gewarnt. Die meisten Hochsensiblen haben eine künstlerische Seite, und viele von ihnen werden die Kunst sogar zu ihrem Beruf gemacht haben. Kunst hat in unserer Gesellschaft einen besonderen Stellenwert. Im Kunstmarketing werden jene Faktoren vermittelt, die für den Umgang mit Kunstwerken bestimmend sind.

Die vielen hochsensiblen Menschen zugeschriebene Intuition ermöglicht es ihnen, oft sehr genau zu wissen, wie sie anderen helfen können. Viele wählen daher einen Beruf, der im direkten Dienst an leidenden Menschen steht, und viele bewirken sehr viel Gutes darin.

Es ist ganz wichtig, in irgendeiner Form zu meditieren, sei es im Sitzen oder beim Spaziergang, irgendwo in freier Natur oder beim Baden oder wie auch immer. Alles ist recht, was eine Weile still und allein zu sein erlaubt, fernab von Radio oder Fernsehen. Es hat allerlei günstige Wirkungen körperlicher, geistiger, seelischer und spiritueller Art. Besonders segensreich ist Meditation dadurch, dass sie die leise, kleine und feine Stimme der Intuition besser hörbar macht.

Wir haben die verschiedensten inneren Stimmen, und die Stimme unserer Intuition erkennen wir daran, dass sie ruhig, klar und selbstsicher ist, man empfindet sie als positiv und unterstützend, immer. Unsere Intuition weiß immer, was jeweils gerade richtig für uns ist. Wer im Geschäftsleben erfolgreich sein will, muss Anschluss an seine Intuition finden und ihr vertrauen. Das geht für viele Menschen nur, wenn sie auf irgendeine Weise meditieren. Die Intuition leitet einen dazu an, zum richtigen Zeitpunkt das Richtige zu tun, und das zu tun, was dem Lebensziel entspricht. Dazu braucht man kein Diplom in Betriebswirtschaftslehre.

Die wichtige Rolle der Fantasie im Marketing wurde bereits besprochen. Einfallsreich und originell im Marketing zu sein und zu bleiben, ist ebenso bedeutsam. Kreativität ist ein zentraler Schlüssel erfolgreichen Marketings. Einen kreativen Stil kann man fördern, indem man sich bewusst ungewöhnlichen Erfahrungen aussetzt. Ausgefallene Erlebnisse geben Anlass zu anderen Gedankengängen. Lernen Sie etwas über Dinge die außerhalb des Mainstreams liegen. Reisen Sie zu seltsamen Plätzen und bleiben Sie neugierig auf Dinge jenseits des Ihnen Bekannten.

Es ist viel wichtiger, zu schreiben, als den meisten Leuten klar ist, denn Schreiben vermittelt nicht nur Ideen, sondern es erzeugt sie. Wer im Schreiben schlecht ist und es deshalb nicht mag, muss auf viele Ideen verzichten, die ihm sonst beim Schreiben gekommen wären.

Das ›Arbeitsblatt SCHREIBEN‹ bietet einige Tipps, mit deren Hilfe man seine Ideen zu Papier bringen kann.

Arbeitsblatt
SCHREIBEN ✓

Nur über etwas schreiben, das man mag.

Die Ideen ein paar Tage überdenken, bevor man mit dem Schreiben beginnt, aber nicht immer mit einem ausführlichen Konzept beginnen.

Damit rechnen, dass der Großteil der Ideen erst beim Schreiben kommt und dass viele der ursprünglichen Ideen Unsinn waren und diese streichen.

Mit dem Schreiben der ersten Version beginnen, sobald sich ein Anfangssatz zeigt.

Wenn man keinen Anfang findet, jemandem erzählen, worüber man schreiben möchte und dann aufschreiben, was man erzählt hat.

Oder den wichtigsten Satz als Anfang wählen.

Die erste Version schreiben so schnell es geht und egal wie schlecht sie ist.

Diese Version immer wieder überarbeiten und alles Unnötige herauskürzen.

In umgangssprachlichem Ton schreiben, einfache, deutsche Wörter benutzen und Fremdwörter und Anglizismen vermeiden.

Einen Riecher für schlechtes Schreiben entwickeln, sodass man es in seinen eigenen Texten entdecken und beheben kann.

Den Stil der Autoren imitieren, die man mag.

Nicht versuchen, eindrucksvoll zu klingen.

Stets einen Notizblock oder Zettel mit dabei haben.

Wörter wiederholen, um einen Rhythmus zu erzielen.

Lesern etwas Neues und Nützliches mitzuteilen versuchen.

In möglichst großen Zeitblöcken arbeiten.

Zu Beginn den bisherigen Text nochmals durchlesen.

Mit etwas Einfachem aufhören, mit dem man die Arbeit später leichter wieder aufnehmen kann.

Arbeitsblatt
SCHREIBEN

Entwürfe ausdrucken und betrachten.

Den Text laut sich selbst oder jemandem anderen vorlesen, um zu sehen, wo holprige Stellen sind und wo Langeweile herrscht. Den Text Freunden zeigen, welche verwirrende Stellen aufzeigen können.

Falsches unverzüglich korrigieren.

Teile des Textes an passender Stelle im Internet veröffentlichen, denn eine Leserschaft motiviert, mehr zu schreiben, wodurch mehr Ideen kommen. Den Titel ändern, wenn es sich ergibt.

Ein auftauchendes Ende erkennen und zugreifen.

25. Stärke:
Perfektionismus

*Begeisterung, Ehrgeiz, Elan, Energie, Feuer,
Beharrlichkeit, Zielstrebigkeit.*

Nur wer sich das Unmögliche zum Ziel setzt,
kann das gerade noch Mögliche erreichen.

Viktor Frankl

Wer hochsensibel ist, neigt dazu, zweifelnd und perfektionistisch zu sein. Dies kann von Vorteil sein, denn, um Produkte und Dienstleistungen hoher Qualität anzubieten, müssen diese intensiv und immer wieder kontrolliert werden.

Im Folgenden wird der Begriff Produkt hier als übergeordneter Begriff benutzt, der eine Ware, eine Dienstleistung oder irgendetwas anderes, was ein Unternehmen verkaufen möchte, bezeichnen kann.
Das Produkt ist das Herz und die Seele jedes Marketingprogramms. Wenn das Produkt etwas taugt, wenn der Kunde wirklich zufrieden damit ist, dann hat Marketing eine Erfolgschance. Aber wenn das Produkt nichts taugt, nichts Besonderes in den Augen der Kunden ist, dann wird es auch keine Marketingaktion schaffen, dieses Produkt langfristig gut zu verkaufen. Viele Geschäftsleute glauben das nicht, weil sie ihre Kunden unterschätzen und die Überredungskunst der Werbung überschätzen. Im Herzen jeder Marketingaktivität muss aber etwas Beachtenswertes stehen, sei es das Produkt, eine Idee oder eine Person, die von den Kunden erkannt wird.
Auf diese Qualität der Besonderheit ist bei der Entwicklung und Gestaltung des Produkts zu achten. Um dem Produkt zum Durch-

bruch zu verhelfen, ist es wichtig, den treffenden Namen zu finden. Der Produktname ist so zu wählen, dass die Produktstärken betont werden. Diesen Zweck müssen auch die Verpackung und die Beschriftung unterstützen.

Sie können kleine Schritte machen, um ein Produkt aufzufrischen und frisch und vital zu erhalten, um seine Sichtbarkeit und seine Anziehungskraft zu stärken. Produktmanagement hat mit Gärtnern eine Ähnlichkeit. Der Gärtner pflanzt gelegentlich eine ganz neue Kultur und pflegt außerdem die bestehenden Pflanzen.

Einfache Dinge, die man an einem bestehenden Produkt verbessern kann, sind zum Beispiel, sein Aussehen zu aktualisieren. Viele Unternehmen präsentieren der Welt gute Produkte in einem unvorteilhaften Äußeren, das diese Produkte nicht für den Erfolg kleidet. Wenn man sich das eigentliche Produkt ansieht, wird man Ideen bekommen, wie man die Farbe verschönern könnte, den Produktnamen und seine Sichtbarkeit. Die Verpackung kann ebenso geändert werden und zum Beispiel eine leuchtendere Farbe bekommen, um die Aufmerksamkeit des Auges auf sie zu ziehen. Ein Produkt, das im Regal liegt und darauf wartet, dass es jemand dort sieht und in die Hand nimmt, sollte deutlich zu erkennen und ansprechend sein. Auf die Verpackung können entscheidende Produktmerkmale aufgedruckt werden. Oder vielleicht kann ein Sichtfenster eingefügt werden, um das eigentliche Produkt zu zeigen.

Das Produkt soll attraktiv und einfach zu benutzen sein, sich auch gut anfühlen, sei es glatt poliert, weich oder welche Beschaffenheit auch immer dem Gebrauch des Produkts angemessen ist. Selbst geringfügige Änderungen am Aussehen, der Beschaffenheit oder der Funktion können seine Ausstrahlung und die Kundenzufriedenheit vergrößern.

Alle gedruckten Unterlagen, die mit dem Produkt geliefert werden, gehören sorgfältig kontrolliert, und zwar von einer anderen Person als dem Verfasser. Ihr Erscheinungsbild, ihre Klarheit, Lesbarkeit und Nützlichkeit kann verbessert werden, sodass diese dem Käufer Stolz auf den Besitz des Produkts einflößen.

Wenn man aus der herausragendsten Eigenschaft des Produkts einen kurzen Satz entwirft, und diesen Satz an prominenter Stelle auf das Produkt, auf seine Verpackung und in das zugehörige Informationsmaterial druckt, ist schon sehr viel getan. Dazu kann man auch farbige Aufkleber verwenden. Es muss in jedem Fall völlige Klarheit darüber herrschen, welchen Nutzen das Produkt hat, worin der Unterschied zu anderen Produkten besteht und welches Produkt was für wen tut.

Ein Produkt, das sich langfristig nicht gut verkauft, sollte entweder verbessert oder vom Markt genommen werden.

Um neue oder höhere Ziele zu erreichen, ist es immer wieder unabdingbar, sich zu verändern. Spätestens dann merkt man, dass Veränderungen schwierig sind, da wir Menschen Gewohnheitstiere sind. Wir tun fast alles unwillkürlich und unbewusst. Was wir gestern taten, werden wir vermutlich auch heute tun.

Die meisten Veränderungsversuche scheitern daran, dass wir das absichtsgesteuerte Handeln nicht lange durchhalten. Wir verfügen über weniger Willenskraft und Disziplin, als wir gerne hätten. Wenn man jedes Mal nachdenken muss, bevor man etwas tut, wird es mühsam und man wird dies aller Wahrscheinlichkeit nach nicht lange durchhalten. Der gegenwärtige Zustand hält uns fest umklammert.

Hier kann es helfen, sich auf die Wirkung von Ritualen zu besinnen. Ein Ritual ist ein Verhalten, das wir automatisch ausführen. Anders als Willenskraft und Disziplin, die uns zu einem bestimmten Verhalten schieben, werden wir vom Ritual gezogen. Wir tun etwas automatisch und ohne, dass uns die Absicht dabei bewusst ist. Die Erleichterung des Lebens durch Rituale besteht darin, dass wir für regelmäßig auszuführende Tätigkeiten weniger Energie verbrauchen, um diese an anderer Stelle zur Verfügung zu haben.

Wenn man sich nun überlegt, wie man die gewünschte Veränderung in kleine Schritte aufteilt, kann man die ersten dieser Schritte in ein neues Ritual einbauen. Der kleinste Schritt ist besser als gar keiner. Zu große Schritte, die man sich vornimmt und nicht zusammen bringt, helfen nicht weiter. Mit der Zeit wird man das neue

Ritual automatisch ausführen und kann neue Schritte dazu nehmen. Erfolg ist das Ergebnis von Disziplin, und diese aufzubringen, schafft man viel leichter mit der wirksamen Hilfe von Ritualen. Bei anstrengenden Arbeiten regelmäßige Pausen einzulegen, um bei Kräften zu bleiben, kann Teil eines Erholungsrituals sein.

Zielstrebigkeit und Beharrlichkeit gehören zu den wertvollen Eigenschaften, die einen Menschen dazu befähigen, sein Unternehmen erfolgreich zu betreiben. Beharrlichkeit ist die Bereitschaft, das Ziel auch dann noch weiterzuverfolgen, wenn eigentlich die Energie schon verbraucht ist. Oft ist dann auch schon die Begeisterung verflogen. Beharrlichkeit ist, die Aufmerksamkeit auf die langfristigen Gesichtspunkte zu richten, sich nicht ablenken und entmutigen zu lassen, an die Sache zu glauben, auch wenn andere schon aufgegeben haben. Durchhalten zu können ist für einen Unternehmer unerlässlich. Er muss sich auf die weniger anregenden Seiten des Geschäftslebens einlassen, auf die mühsamen Dinge und auf Durststrecken. Neben der erfreulichen und fruchtbaren Seite hat das Geschäftsleben immer auch eine mühevolle und dunkle Seite.

Um aus Fehlern zu lernen, müssen wir diese auf Basis der Fakten analysieren. Dafür sind die Tatsachen unbeschönigt so zu sehen, wie sie sind. Ist der Fehler oder das Fehlverhalten erkannt, so ist oft eine Veränderung notwendig. Sie erfordert die Bereitschaft, Altes loszulassen, auch wenn es sich um Glaubenssysteme handelt. Dass etwas immer so gemacht worden ist, ist kein Grund, es weiterhin falsch zu machen. Langjährige Denk- und Verhaltensmuster aufzugeben, die sich von heute auf morgen als irrig herausgestellt haben, ist etwas, das vielen Menschen sehr schwer fällt.

Die so genannte Intuition, die hochsensiblen Menschen nachgesagt wird, ist in Wirklichkeit oft einfach nur ein genaueres Beobachten der Wirklichkeit. Aufgrund ihrer Eigenschaft, mehr Fakten zu registrieren, können hochsensible Menschen Kundenreaktionen oft weitaus klarer einschätzen als andere. Für Außenstehende sieht es dann manchmal so aus, als würden sie aus dem Bauch heraus urteilen. Es handelt sich jedoch um eine an den Fakten orientierte Art, aus Beobachtung und Erfahrung zu lernen.

Die Fakten zu sehen, wie sie sind, und beharrlich zu versuchen sie zu verstehen, führt dazu, dass man an Weisheit gewinnt. So wird es mit der Zeit wahrscheinlicher werden, Erfolg zu haben. Die Informationen, auf die Entscheidungen gestützt werden können, werden immer mehr. Zufallsereignisse werden leichter als solche erkannt, da sie sich abheben von den über die Jahre hinweg gewonnenen Durchschnittswerten. Entscheidungen, die auf abgeleiteten Durchschnittswerten langjährig gesammelter Daten fußen, sind sachgerechter.

Im Marketing wird fundiert sowohl langfristig als auch kurzfristig geplant. Um ein Marketingziel zu verwirklichen, muss oft ein Veränderungsprozess in Gang gesetzt werden. Um Veränderungen dauerhaft zu machen, braucht es eine bestimmte Vorgehensweise. Zuerst muss natürlich das Ziel genau bestimmt werden. Angesichts des gewohnheitsbestimmten Verhaltens und der Neigung, den gegenwärtigen Status zu wahren, benötigt das Unternehmen starke Anreize, um etwas zu verändern. Daher ist es notwendig, eine Vision zu entwickeln. Diese überzeugende Vision zeigt die Richtung der Weiterentwicklung an. Maßnahmen sind zu setzen, die in die gewünschte Richtung führen. Wie bereits beschrieben wurde, ist es vorteilhaft, neue, positive Gewohnheiten auszubilden, das heißt, präzise Verhaltensweisen zu definieren und sie zu ganz bestimmten Zeiten immer wieder auszuführen. An den projektierten Zielen ist aktiv festzuhalten, damit sie auch eintreten. Man darf sich da nicht zurücklehnen und abwarten, dass die Dinge von selbst zu den Zielen laufen.

Auf der Suche nach einem erstrebenswerten Ziel kann man sich fragen, welche Werte einem wichtig sind. Es kann sein, dass man die sozialen Grundwerte aus den Augen verloren hat. Durch Nachdenken ist es möglich, eine ethische Lebenseinstellung zurückzugewinnen. Die Entschlossenheit, getreu unseren innersten Werten zu leben, verleiht unserem Leben Stabilität und stärkt uns angesichts der Herausforderungen, die wir jeden Tag zu bestehen haben. Es wäre schön, wenn uns diese Werte zu den Zielen führen würden, die wir anstreben.

Ein Unternehmer, der Gewinn machen will, wird wahrscheinlich eigentlich nicht nur Geld besitzen wollen, sondern das, was das Geld ihm verschaffen kann. Zu wissen, was einem Geld bedeutet und was man mit diesem Geld erlangen kann, hilft enorm dabei, zielstrebig zu denken und zu handeln. Mit dem Geld kann man etwas tun, was der Erreichung dessen, was man als Lebensziel ansieht, dient. Ein höheres Ziel, als mit dem Unternehmen nur Geld zu verdienen, hilft, Kräfte hinter sich zu versammeln, die einen anschieben. Geld ist im Geschäftsleben sehr wichtig, aber doch zweitrangig. Jeder hat seinen ganz speziellen Lebenszweck und ganz eigene Begabungen und Fähigkeiten, um diesen Zweck zu erreichen und Erfüllung zu finden.

Die Entwicklung zu einem höheren Ziel, als nur Geld zu verdienen, ist dem Unternehmen betapharm in besonderer Weise geglückt:

Beispiel
betapharm

www.betapharm.de
www.betanet.de

Die betapharm Arzneimittel GmbH wurde 1993 in Augsburg gegründet. Das pharmazeutische Unternehmen vertreibt Generika (patentfreie Arzneimittel). Das Unternehmen beschäftigt heute 345 Mitarbeiter und erzielte 2003 einen Umsatz von 151 Millionen Euro (laut Institut für medizinische Statistik/DPM). Aus der Suche nach einem zum Unternehmen passenden Weg, sich von den Mitbewerbern mit Hilfe von ethischem Marketing abzuheben, entstand 1998 das Sozialsponsoring des Bunten Kreises. Dies ist ein Nachsorgeverein, der Familien mit chronisch und schwer kranken Kindern im Raum Augsburg hilft, insbesondere am Übergang von der High-Tech-Versorgung im Krankenhaus ins heimische Kinderzimmer, damit sie mit den durch die Krankheit verursachten Problemen besser zurecht kommen. Auf Grund des Erfolges entstand die Idee, Bunte Kreise in ganz Deutschland zu gründen. Dafür errichtete betapharm 1998 die betapharm Nachsorgestiftung. Dort finden Kranke und Angehörige vielfältige Angebote für Nachsorge, Informationsaustausch und Selbsthilfegruppen. Es gibt ein Infotelefon und Möglichkeiten zur Internetrecherche auf www.betanet.de. Sämtliche Angebote sind für Kranke wie auch für Angehörige kostenfrei.

Heute erfreut sich betapharm unter Ärzten, aber auch unter kranken Menschen großer Bekanntheit und Beliebtheit. Viele Ärzte schicken ihre Patienten zu einem Bunten Kreis, damit diese die vielfältigen Möglichkeiten des Austauschs und der Nachsorge erhalten können, die von Ärzten und Krankenhäusern meist nicht geboten werden.

Forschungsprojekte zu Gesundheitsthemen sowie auch Weiterbildungsmaßnahmen für Berufstätige im Gesundheitswesen wurden von betapharm ebenfalls initiiert und gesponsert.

Beispiel   www.betapharm.de
betapharm   www.betanet.de

Häufig versuchen Pharmafirmen ihre Marktanteile zu vergrößern, indem sie Ärzte mit großzügigen Geschenken oder Einla-
dungen auf ihre Produkte aufmerksam machen. Verständlicherweise, denn gerade bei Generika gibt es nicht viele Argumente
für einen bestimmten Anbieter, da die Inhaltsstoffe ident sind.
Vielen Ärzten ist diese Keilerei, die manchmal an Bestechung
grenzt, gar nicht recht. Betapharm verzichtet völlig darauf, was
ihnen die Sympathie zahlreicher redlicher Ärzte und in der Folge
steigende Umsätze eingebracht hat.

Mit der Weitergabe von sozialer Kompetenz als »Werbege-
schenk« verfolgt betapharm konsequent ein sinnvolles und ethisches Marketing. Am Ende profitieren alle: die Patienten, Ärzte,
Apotheker und betapharm.

26. Stärke:
Freiheitsliebe

Gedankenfreiheit, Emanzipation, Freiheitsdrang,
Menschenwürde, Mitmenschlichkeit, Selbstbehauptung,
Selbstverwirklichung

Ethisches Marketing wird umso mehr Erfolg haben, als die Konsumenten bei ihren Kaufentscheidungen auch ethische Gesichtspunkte mitberücksichtigen.

Die Ethik wurzelt im Bewusstsein der Freiheit, nach der sich jeder Mensch sehnt. Sie beruht auf der Idee der freien Wahl, und das ethische Marketing wahrt diese Freiheit. Es gibt den Konsumenten die Möglichkeit, sich aus freier Überzeugung für das Gute zu entscheiden. Deshalb klärt es darüber auf, was die Käufer durch den Erwerb von mit ethischen Ansprüchen zu vereinbarenden Produkten bewirken. Es fördert das Bewusstsein der freien Entscheidungen und respektiert die Freiheit der Entscheidung.

Jede ethische Entscheidung beruht auf freier Einsicht. Wir entschließen uns zum Beispiel freiwillig, zu teilen, wenn wir gerecht sein wollen. Wir haben natürlich auch die Freiheit, nicht zu teilen und die Umstände für recht und billig zu erklären.

Ethisches Marketing setzt auf die ethischen Kaufmotive. Gute Gefühle hängen mit guten Taten zusammen und führen zu freiwilligen Kaufentscheidungen zu Gunsten der guten Taten.

Die ethischen Einstellungen der Menschen richten sich jedoch nach dem Grad ihrer wirtschaftlichen Abhängigkeit. Sind sie unmittelbar betroffen, denken sie in der Regel nicht ethisch, sondern eigennützig. Ihre Einstellungen richten sich in Situationen der unmittelbaren Betroffenheit überwiegend nach dem Eigennutz. Darunter leidet ihre ethische Freiheit. Denn eigennütziges Denken lässt keine ethische Handlungsfreiheit zu.

Die Ethik sagt uns, dass wir produktiv teilen sollten. Niemand wird dagegen etwas einzuwenden haben. Es ist dennoch offensichtlich, dass wir es nicht immer tun.

Wir haben die freie Wahl, ethisch oder unethisch zu handeln, und niemand kann garantieren, dass sich Verbraucher für ethisch gute Produkte entscheiden. Dennoch ist die Wahrscheinlichkeit hoch, dass sie es tun werden. Denn die Menschen sehnen sich grundsätzlich danach, den Abgrund zwischen Ökonomie und Ethik zu überwinden, den Konflikt zwischen Worten und Taten, zwischen dem Wunsch, frei zu entscheiden, und der Tatsache, es nicht zu tun.

Die Ethik wurzelt in der Freiheit, über das richtige Handeln nachzudenken. Wenn wir auf diese Freiheit verzichten, besteht die Gefahr, dass wir unser soziales Verantwortungsbewusstsein aufgeben und uns mit egozentrischem Handeln zufrieden geben. Ethische Freiheit bedeutet, aus freier Einsicht das Richtige zu tun und die Verantwortung für die Welt mitzutragen.

Uneinsichtige Menschen können durch einen kleinen Trick überlistet werden. Man kann ihnen helfen, ihr Eigennutzstreben zu verbergen, indem man sie an guten Werken beteiligt. Dadurch erhöht man ihr Selbstwertgefühl und verleiht ihnen soziale Anerkennung. Denn soziale Anerkennung ist etwas, das auch sie dringend benötigen. Ethisches Marketing veranlasst Egozentriker also dazu, gute Taten aus Eigennutz zu unterstützen. Es scheint keine Alternative dazu zu geben.

Letztlich wissen wir nicht, ob wir in unserem Denken und Handeln wirklich frei sind. Dadurch verlieren wir allerdings nicht unsere ethische Freiheit. Wenn wir frei sind, sind wir theoretisch in der Lage, das Gute selbst zu erkennen. Wenn unser Handeln vorbestimmt ist, haben wir die Freiheit, an eine höhere Institution zu glauben, die uns zur richtigen Entscheidung verhelfen wird. Wir können nichts Endgültiges über unser Leben wissen. Wir besitzen aber die Freiheit, nachzudenken. Wer über Gott und die Welt nicht mehr nachdenkt, verfällt leicht dem Eigennutzdenken.

ABSCHLUSS

Beim Durchlesen der Stärken-Beschreibungen werden Sie bemerkt haben, dass zwischen manchen der besprochenen Stärken keine scharfen Grenzen gezogen werden können, sondern dass sie ineinander übergehen und zusammengehören. Dass die eine Stärke eine bestimmte andere als Vorbedingung braucht, oder dass mehrere übergreifend zusammenwirken müssen für die Umsetzung bestimmter Aktionen.

Wichtig ist, dass Sie gleich, am besten noch heute, mit Ihrem Stärken-Marketing beginnen, dass Sie dabei bleiben und sich regelmäßig Zeit dafür nehmen. Definieren Sie Ihr spezielles Bündel von Stärken, das Sie für die Erreichung Ihrer Marketingziele einsetzen wollen. Zerlegen Sie die großen Ziele in Teilschritte und erreichbare und kontrollierbare Unterziele.

Machen Sie die vorgestellten Ideen zu Ihren eigenen. Analysieren Sie jede Strategie und Taktik und passen Sie diese Ihren Bedürfnissen an. Verbessern Sie sie. Kopieren Sie nicht einfach den Ansatz eines anderen.

Analysieren Sie in regelmäßigen Abständen, wie weit Sie bereits gekommen sind. Aktualisieren Sie in diesem Zusammenhang die Stärken, auf die Sie sich in Zukunft verlassen wollen. Behalten Sie Ihre Wegrichtung im Auge und integrieren Sie alle neu auftauchenden Hindernisse in Ihre Planungen.

Lesen Sie das Buch nach einigen Monaten wieder.

ZUSAMMENFASSUNG

Zum Schluss möchten wir zurückblicken auf das ethische Marketing als nachhaltige Methode, Ihre Angebote auf den Markt auszurichten. Sie haben gesehen, dass hochsensiblen Personen eine reichhaltig bestückte Palette von Stärken zur Verfügung steht, die sie benutzen können, um den eigenen Marketingmix zu gestalten. Wählen Sie einzelne Vorschläge aus, mit denen Sie beginnen wollen, erproben Sie diese und nehmen Sie dann erst neue hinzu. Ein sukzessiver Aufbau gelingt leichter, als wenn Sie sich mit einem Mal völlig umkrempeln.

Trotz aller Marketingvorschläge dieses Buches sollten Sie jedoch nicht die kreative Seite des Unternehmers vergessen. Ihr Produkt ist die Grundlage für Ihre Marketingarbeit und keineswegs verzichtbar. Sonst kommen Sie allzu schnell in alte Marketingklischees.

Zudem haben auch andere Themen Einfluss auf Ihren Erfolg. Was von Ihren Honorareinnahmen übrig bleibt, hängt von Ihren Kosten, aber auch von der Kenntnis der steuerlichen Umstände ab. Zur Sozialversicherung muss einiges bedacht werden. Dies alles konnte nicht Teil dieses Marketingbuches werden. Zu manchen Bereichen gibt es bereits Fachliteratur oder die Möglichkeit der Beratung durch Fachleute. Für das ethische Marketing sind diese Dinge jedoch nur von randläufiger Bedeutung. Darum sind wir überzeugt, Ihnen in diesem Buch ein umfassendes Bild der Möglichkeiten aufgezeigt zu haben, die maßgeblich von Bedeutung für Ihre unternehmerische Zukunft sind.

Früher oder später werden Sie es merken, dass ethisches Marketing Sie nicht nur erfolgreich, sondern vor allem auch zufrieden machen wird. Oberflächlich betrachtet baut ethisches Marketing auf Mundpropaganda auf. Ein etwas tieferer Blick zeigt jedoch, dass hier nicht einfach Werbetätigkeit an Kunden ausgelagert wird, sondern dass

der direkte Kunde und seine persönliche Zufriedenheit im Zentrum
stehen. Ethisches Marketing baut somit auf Kundenzufriedenheit
auf – und wer nach einem Geschäft mit Produkt, Dienstleistung und
Beziehungsqualität wirklich zufrieden ist, dem ist es zumeist ein inneres Anliegen, diese Zufriedenheit mit Freunden und Bekannten
zu teilen. Wer guten Gewissens einen Betrieb, einen Dienstleister
oder ein Produkt weiter empfiehlt, erfüllt in erster Linie das eigene
Bedürfnis, denn umwegartig teilt man dabei etwas über sich selbst
mit, und man macht seinen Bekannten einen Gefallen. Kommt somit ein Kunde über die Empfehlung eines bestehenden Kunden zu
uns, sind wir doppelt motiviert möglichst ethisch zu vermarkten: einerseits natürlich, um den Neukunden nicht zu enttäuschen und als
Stammkunden zu gewinnen, andererseits um den Empfehlungsge-
ber nicht im Stich zu lassen. Kundenzufriedenheit ist somit innerster
und höchster Anspruch des ethischen Marketings – und wer es sich
zum Ziele setzt, andere zufrieden oder glücklich zu machen, wird
dies über kurz oder lang selbst sein.

Wir möchten Sie einladen, ethisches Marketing nicht nur für
das eigene Unternehmen einzusetzen, sondern auch an der Entwicklung des Konzeptes und an seiner Verbreitung teilzuneh-
men. Senden Sie uns bitte Ergänzungen und Erweiterungen
des Konzeptes, sowie Berichte von besonders kreativen Umset-
zungsbeispielen an EM@FESTLAND-VERLAG.COM

Eine Auswahl davon wird im Internet und in der nächsten Ausgabe
dieses Buches veröffentlicht werden.

Alle Arbeitsblätter dieses Buches finden Sie als PDF zum
Download unter www.festland-verlag.com/em/.

ANHANG

1. SKIZZE ZUM AUFFINDEN DER 7 MERIDIAN-PUNKTE

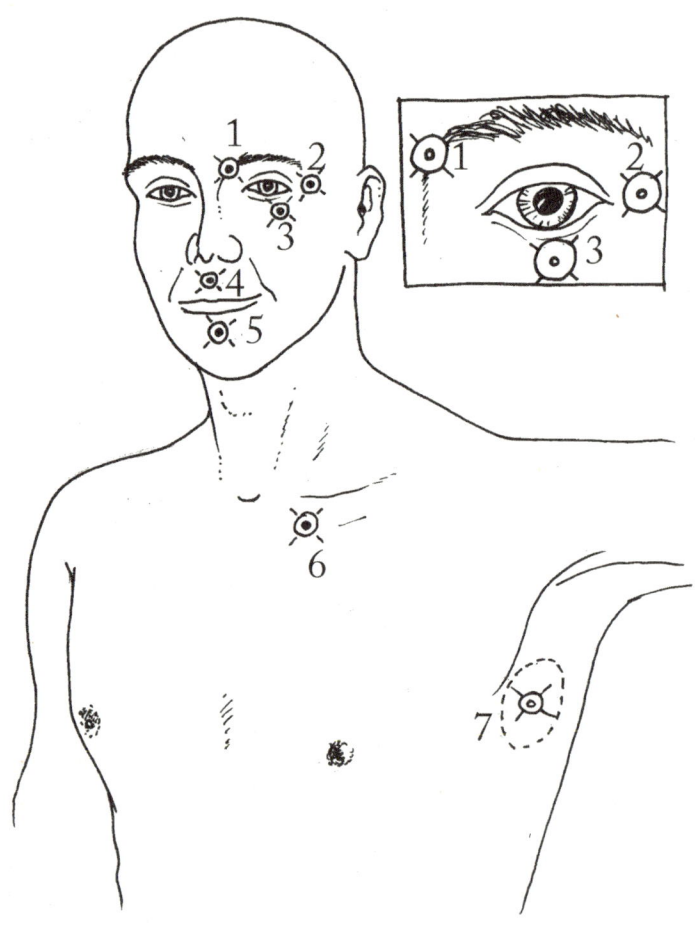

2. Skizze zum Auffinden der drei TAT-Punkte

3. ARBEITSBLATT ZUR
DP3 PERSÖNLICHKEITSGESTALTUNG

nach Zivorad Slavinski

Datum:

SUD Anfang: SUD Ende:

Thema:

Situation 1:

Situation 2:

Körperwahrnehmungen
Emotionen
Gedanken
Bilder

	1				
	2				
	1				
	2				
	1				
	2				
	1				
	2				
	1				
	2				
	1				
	2				
	1				
	2				
	1				
	2				
	1				
	2				
	1				
	2				
	1				
	2				
	1				
	2				

LITERATUR

Zart Besaitet – Selbstverständnis, Selbstachtung und Selbsthilfe für hochsensible Menschen. Georg Parlow, Festland Verlag Wien, 2. Auflage 2006

Marketing Without Advertising, Michael Phillips and Salli Rasberry, NOLO, Berkeley, 5. Auflage, 2005

Never Eat Alone, Keith Ferrazzi, Tahl Raz, Random House Inc., 2005

Sensibel kompetent – Zart besaitet und erfolgreich im Beruf. Dr. Marianne Skarics, Festland Verlag Wien, 2007

Sind Sie hochsensibel? Elaine N. Aron, Moderne Verlagsges. Mvg, 2007

Die helle und die dunkle Seite der Macht, Christine Bauer-Jelinek, Edition Va Bene, 2000

Grundeinkommen – in Freiheit tätig sein. Netzwerk Grundeinkommen, Avinus Verlag, Berlin 2006,

Die geheimen Spielregeln der Macht, Christine Bauer-Jelinek, Ecowin, Salzburg, 2007

Marketing mit Farben, Erich Küthe, DuMont, Köln, 1996

INTERNETADRESSEN

Allgemein
www.getslightlyfamous.com	Infos über erfolgreiches Netzwerken
www.mikrobetriebe.at	Initiative für Mikrounternehmen
www.zartbesaitet.net	Verein FÜR HSP, MIT WEITER-FÜHRENDEN LINKS
www.hochsensibel.org	Informations- und Forschungsverbund Hochsensibilität
www.festland-verlag.com	Festland-Verlag Wien

Suchmaschinen
www.google.at	Google Österreich
www.google.de	Google Deutschland
www.regionalsuche.at	Österreich Suche
www.ask.com	
www.metacrawler.de	Metasuchmaschine
www.altavista.com	
www.yahoo.com	
www.clusty.com	

Netzwerke und Branchenlistings
www.herold.at	Österreichisches Branchenverzeichnis
www.klicktel.de/branchenbuch	Deutsches Branchenverzeichnis
www.produktscout.at	Händler
www.wer-liefert-was.at	Lieferantensuchmaschine
www.besthelp.at	Ärzte- und Beraterverzeichnis
www.eurobuch.com	Büchersuche/Preisvergleich
www.paperball.de	Nachrichten-Suche
www.xing.com	Business Netzwerk für alle

Corporate Social Responsibility in Unternehmen

www.csr-news.net	CSR News online
www.credo.co.at	CSR Beratung
www.derbaumann.at	Baumeister mit »Beschmierungs-ambulanz«
www.amyris.at	Amyris Naturkosmetik
www.waerme-fuer-kinder.de	Initiative von Ofenbauern
www.repanet.at	Reparaturnetzwerke in Österreich
www.weltcafe.at	Kaffeehaus und Veranstaltungsort
www.spreitzer-bau.at	Spreitzer Bauunternehmen
www.betapharm.de	betapharm Arzneimittel GmbH

Power-Techniken

www.eft-info.com	Alles über EFT, incl. Manual
www.tatlife.com	Tapas Acupressure Technique, engl.
www.praxis.parlow.at	Georg Parlow, Österreich

Gewaltfreie Kommunikation nach Marshall B. Rosenberg

www.cnvc.org	Internat. Organisation für Gewalt-freie Kommunikation
www.gewaltfrei.de	
www.gewaltfrei-austria.org	

Internetseiten zur Erleichterung ethischer Kaufentscheidungen:

www.ecoshopper.de	Zahlreiche Informationen und Links
www.transfair.org	Informationen und Kampagnen

Informationen zu ethisch-ökologischer Geldanlage:

www.eco-best-invest.com	Öko-Fonds-Beratung
www.ethikbank.de	Bank für ethisch-ökologische Geld-anlage
www.gruenesgeld.at	Unabhängige Informationsplattform
www.cric-ev.de	Verein für ethisch orientierte Inves-toren

Stichwortverzeichnis

oder durch Unternehmen verursachte Naturschäden beeinflussen das Kaufverhalten. Ein guter Arbeitgeber zu sein ist eine bedeutende Imagekomponente. Unternehmen, die sich für verbesserte Arbeitsbedingungen einsetzen, werden geschätzt. Umweltengagement wird mit positiver Wertschätzung honoriert. Unternehmen, die sich für die Reduzierung und Vermeidung von Umweltbelastungen einsetzen, werden bevorzugt, gesellschaftliches oder ökologisches Engagement ist kaufentscheidend. Kunden kaufen, wenn sie die Wahl haben, lieber Produkte von Unternehmen, die sich für die Lösung sozialer und ökologischer Probleme einsetzen. Die Verbindung mit einem guten Zweck kann wettbewerbsentscheidend sein, denn Menschen greifen gern zu demjenigen Produkt, bei dem sie gleichzeitig mit dem Kauf einen Beitrag für einen guten Zweck leisten können. Es gibt ein hohes Maß an Akzeptanz für ethisches Marketing und sowohl das Bewusstsein als auch die Nachfrage steigen. Durch ethisches Marketing gewinnen alle Beteiligten.

Es gibt immer wieder schwierige Probleme, denen man sich gegenübersieht. Wir können unseren Verstand benutzen, um sie zu lösen, haben manchmal lichte Augenblicke, in denen uns dies spontan gelingt oder wir schaffen es Schritt für Schritt, eine Lösung herauszuarbeiten. Doch manchmal kommen wir nicht weiter. Jeder hat irgendeine Vorstellung von einer höheren Macht, von Gott, dem Schicksal, von einem Geist, der hinter allem steht, selbst wenn man sich für einen Atheisten hält. Wer nicht an eine höhere Macht, an eine Kraft des Lebens und ihre Intelligenz glaubt, kann sich das Vorhandensein und die Bauweise eines Baumes, der Sterne, von Tier und Mensch nicht erklären. Irgendeine Energie hat diese Dinge auf diese Art entstehen lassen, wer diese Energie oder Kraft nicht Gott nennt, nennt sie Physik, Zauberei oder sonst wie, und dies ist unsere höhere Macht. Wenn wir ein Problem nicht lösen können, dann können wir es unserer höheren Macht übergeben, anstatt uns weiterhin Sorgen zu machen, die zu nichts führen. Viele Menschen nennen dies Beten, aber jeder kann es nennen, wie er will. Das Problem in die Hände der höheren Macht zu legen und diese zu fragen, was ihr Wille ist, ihr die Antwort zu überlassen, wird die Einzelheiten

des betreffenden Problems regeln, das man selbst auch mit Hilfe
der einem zur Verfügung stehenden Mitmenschen nicht lösen kann.
Schritt für Schritt wird man gezeigt bekommen, was zu tun ist. Es
mag sein, dass der Weg des Unternehmens in eine völlig unerwartete Richtung führt, wer jedoch an die Leitung von oben glaubt, wird
wissen, wohin er gehen soll und wie.

Power-Technik:
VERNÜNFTIG DENKEN
IN SCHWIERIGEN LAGEN

1. Verankern Sie sich im Jetzt, indem Sie Ihre Aufmerksamkeit
   ganz in den Körper verlagern. (Der Körper lebt nur in der Gegenwart.) Spüren Sie bewusst, wie Ihre Füße am Boden ruhen,
   Ihr Gesäß auf der Sitzfläche, verlagern Sie Ihr Gewicht ein wenig mit viel Achtsamkeit. Nehmen Sie einige tiefe Atemzüge
   und nehmen Sie wahr, wie die ein- und ausströmende Luft Ihren Brustkorb bläht und wieder zusammensinken lässt, etc. Tun
   Sie das für drei bis fünf Minuten, ehe Sie mit dem Bedenken der
   Situation beginnen.
2. Denken Sie schriftlich. Notieren Sie die Problemstellung, Ihre
   Gedankenketten zum Thema, sinnige und unsinnige Assoziationen dazu, sowie alle Lösungsideen, realistische wie unrealistische. Was wirklich Sinn macht und realistisch ist, bewerten Sie
   besser in einem späteren, separaten Arbeitsgang.
3. Notieren Sie ebenfalls alle Gefühle und Emotionen, die während des schriftlichen Denkens auftreten. Dort, wo sie in klarem
   Zusammenhang stehen mit einer Überlegung auf Ihrem Denk-
   Blatt, schreiben Sie die Gefühlswahrnehmung dort dazu. Setzen Sie das in eckige Klammern oder heben Sie es in ähnlicher
   Weise vom Inhaltlichen ab. Allgemeinere Gefühlswahrneh-